全国农业职业技能培训教材

花 卉 园 艺 工

莫广刚　王兰明　主编

中国农业出版社

图书在版编目（CIP）数据

花卉园艺工 / 莫广刚，王兰明主编 . —北京：中
国农业出版社，2010.8
全国农业职业技能培训教材
ISBN 978-7-109-14726-3

Ⅰ.①花…　Ⅱ.①莫…　②王…　Ⅲ.①花卉-观赏园
艺-技术培训-教材　Ⅳ.①S68

中国版本图书馆 CIP 数据核字（2010）第 139226 号

中国农业出版社出版
（北京市朝阳区农展馆北路 2 号）
（邮政编码 100125）
责任编辑　钟海梅

中国农业出版社印刷厂印刷　　新华书店北京发行所发行
2010 年 9 月第 1 版　　2010 年 9 月北京第 1 次印刷

开本：787mm×1092mm　1/16　印张：7
字数：151 千字　印数：1～3 000 册
定价：22.00 元
（凡本版图书出现印刷、装订错误，请向出版社发行部调换）

编 审 委 员 会

前　言

近年来，随着经济的繁荣，我国的花卉业取得了可喜的成就，生产规模的扩大，产值的提高，使花卉事业逐渐成为一项新兴产业，并涌现出了一批优秀的花卉企业、园林城市和花园城市。花卉产业的发展必将带动行业对人才的需求，为了提高花卉业的生产与管理水平，按照《花卉园艺工》国家职业标准，编制了花卉园艺工培训教材（以下简称"教材"）。

本教材的编写，力求体现国家对花卉园艺工职业标准的要求，突出培训的实用性，以理论知识为基础，以职业技能为核心，兼顾初、中、高等不同等级的培训目标和对知识的要求，将理论知识和操作技能有机地融为一体。

本教材主要介绍了花卉的基础理论知识，繁殖、栽培、配置应用及养护管理等方面的基本技能，并对花卉的无土栽培和组织培养技术做了较为详细的介绍。由于本学科知识覆盖面广，且具有一定的系统性和连续性，不可能完全依据各级工种的岗位技能要求和考核内容生硬地将某些内容割裂开，整个教材从初级到高级是一个循序渐进、由浅渐深的知识结构。基础理论知识和职业道德与法律法规部分是共用必修的部分，而各个等级应同时掌握低等级的内容，并对高一级的内容作简要了解。

本教材的特点是注重课堂讲授的启发性，重点培养学员的逻辑思维和动手能力，既可作为花卉园艺工职业技能培训与鉴定考核教材，也可作为中、高等职业院校相关专业师生参考，还可供相关从业人员参加在职培训、岗位培训使用。

本教材在编写过程中，得到了河北省农垦局和河北工程大学农学院的大力支持，在此谨向为本书付出辛勤劳动的单位和个人致以最诚挚的感谢！本教材按职业功能模块进行编写，是一种新的尝试，由于缺乏经验，加之水平有限、时间仓促，不妥之处，敬请读者批评指正。

编　者
2010 年 4 月

目 录

第一章　花卉园艺工基础理论知识

第一节　植物学基础知识

一、植物细胞

细胞是构成植物体的基本单位。生活的植物细胞由细胞壁、细胞膜、细胞质和细胞核构成。细胞壁是植物细胞特有的，包被在细胞膜外围的壁层；细胞膜的功能是控制胞内、外物质交换，稳定胞内环境及接受信息等；细胞核是遗传物质存在和复制的场所，是控制细胞生命活动的中心；细胞质是细胞核外围的原生质。总之，细胞膜、细胞质、细胞核等，都是细胞内互相联系和互相依存的生活部分。由于它们的共同作用，细胞整体的所有生命活动得以正常进行。

二、植物组织

(一) 植物组织的概念

在植物个体发育中，具有来源相同、形态和结构相似、担负一定生理功能的细胞群称为组织。组织是植物进化过程中复杂化和完善化的产物，是细胞分化的结果。

(二) 植物组织的类型

植物组织主要有分生组织和成熟组织两大类型。

1. 分生组织　是指所有具有连续或周期性分裂能力的细胞群。根据所处的位置不同又可分为三类：

(1) 顶端分生组织　存在于根尖、茎间的分生区。

(2) 侧生分生组织　主要分布在根、茎的侧面，包括维管形成层和木栓形成层。

(3) 居间分生组织　位于节间基部，在成熟组织之间，如禾本科植物茎节之间的基部等。

2. 成熟组织　是由分生组织衍生的大部分细胞，逐渐丧失分裂能力，进一步生长和分化而形成的其他各种组织。这类组织一旦形成，一般不再发生变化。根据其细胞形态、结构和生理功能的不同，可分为以下类型：

(1) 保护组织　包围在植物器官表面，起保护作用。主要功能是控制蒸腾、防止水分过分散失、抵抗外界风雨和病虫侵害。

(2) 薄壁组织　由生活的薄壁细胞组成，主要功能是制造和贮存养分。

(3) 机械组织　起巩固和支持作用的组织，可以支持植物体的重量和抵抗风雨等外力侵袭。

(4) 输导组织　专门输送水分和营养物质，包括木质部和韧皮部。木质部中的导管和管胞输送水分和无机盐，韧皮部中的筛管和筛胞输送有机养分。

（5）分泌结构　指能够分泌精油、树脂、乳汁、蜜汁、黏液等分泌物的细胞或细胞群。

三、植物器官

由多种不同组织构成的能执行某种生理功能的一部分植物体称植物器官。高等植物一般具有六大器官——根、茎、叶、花、果实、种子。其中根、茎、叶称为植物的营养器官，花、果实、种子称植物的繁殖器官。

（一）根

1. 根与根系的类型

①主根：一般垂直向地下生长的根。

②侧根：主根产生的各级大小分支，侧根从主根向四周生长。

③定根：指发育于植株特定部位的根，包括主根和侧根。

④不定根：发生的位置不固定。生产上的扦插、压条等营养繁殖技术就是利用枝条、叶、地下茎等能产生不定根的习性进行的。

⑤根系：一株植物地下部分所有根的总体。

⑥直根系：主根与侧根区别明显的根系。由于主根发达，入土深，各级侧根次第短小，一般呈陀螺状分布（图1-1中1）。

⑦须根系：主根不发达，粗细长短相差不多，入土较浅，呈丛生状态，或似胡须状（图1-1中2）。

⑧深根系：深入土壤向深处分布的根系，一般直根系多为深根系。

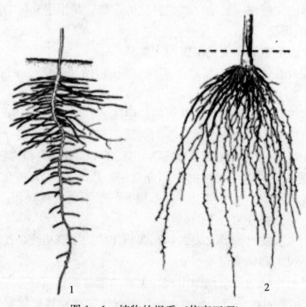

图1-1　植物的根系（依李正理）

1. 直根系　2. 须根系

⑨浅根系：根系大部分分布在土壤表层，以水平方向朝四周扩展，一般须根系多为浅根系。

2. 根瘤和菌根

（1）根瘤　为豆科植物的根与根瘤细菌共生而形成的瘤状结构。土壤中的根瘤菌由根毛侵入根的皮层内，因根瘤菌分泌物的刺激产生大量新细胞，使皮层部分的体积膨大和凸出，形成根瘤（图1-2）。根瘤具有固氮作用，可以把空气中的游离氮转变为氨。

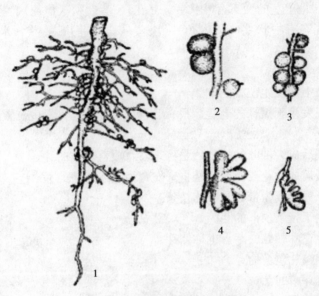

图1-2　几种豆科植物的根瘤

（植物及植物生理学，2008）

1. 具有根瘤的大豆根系　2. 大豆的根瘤　3. 蚕豆的根瘤

4. 豌豆的根瘤　5. 紫云英的根瘤

（2）菌根　植物的根与土壤中的某些真菌共生而形成的共生体称为菌根。共生的菌根能加强根部的吸收能力，促进根系的发育等（图1-3）。

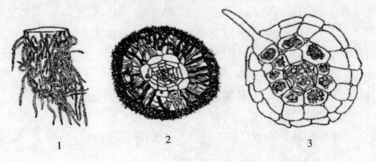

图1-3　菌　根

1、2. 外生菌根　3. 内生菌根

（二）茎

茎是植物地上部分的主干，其上着生叶、花和果实。茎上着生叶的位置叫节，相邻两节之间的部位叫节间。着生叶和芽的茎称为枝条，枝条又可分为长枝、短枝和花枝。

1. 茎的形态

①直立茎：茎背地面而生，直立。如一串红、鸡冠花等。

②匍匐茎：茎细长柔弱，平卧地面或向下垂吊，如蔓长春花、旱金莲、吊竹梅等。

③攀缘茎：茎细长、不能直立，以特有的结构攀缘他物上升。如常春藤、紫藤、铁线莲、牵牛花、茑萝等。

2. 茎的变态　地上茎的变态有叶状茎（昙花）、茎卷须（葡萄）、茎刺（皂荚）、肉质茎等；地下茎的变态有根状茎（美人蕉）、块茎（马蹄莲）、鳞茎（水仙、百合）、球茎（唐菖蒲）等。

3. 芽的类型

①定芽：在枝上的发生位置固定。

②不定芽：只发生于植株的老茎、根、叶及创伤部位，其发生位置比较广泛，且没有确定性。

③叶芽：开展后成为带叶的枝条，是将来发育成营养枝的芽。

④花芽：开展后成为花或花序，是将来发育为花或花序的芽。

⑤混合芽：开展后成为带花和叶的枝条。

⑥顶芽：着生于枝条顶部的芽。

⑦腋芽：着生在叶腋处的芽，也称侧芽。

⑧鳞芽：有芽鳞片包被的芽。

⑨裸芽：没有芽鳞的芽。

⑩珠芽：一种未发育的球茎，呈球状、卵圆形等，通常生于叶腋，属于营养繁殖的器官，如百合等。

（三）叶

1. 叶的组成　一片完整的叶由叶片、叶柄和托叶三部分组成（图1-4）。三部分都具备的叫完全叶，缺一部分或缺两部分的叫不完全叶。

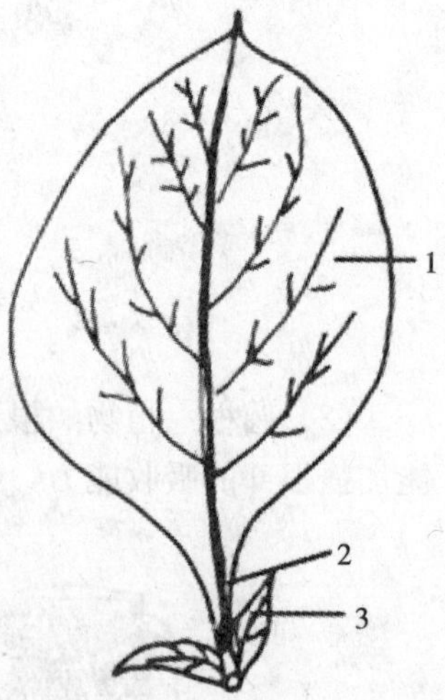

2. 叶片的形态　叶的形态多样，大小差别也很大。可从质地、类型、叶序、叶尖、叶基、叶缘、叶脉等方面对叶进行描述。

（1）叶的质地

①革质：叶厚韧似皮革。如桂花、海桐、枸骨等。

②膜质：叶薄而呈半透明，不呈绿色，如麻黄。

③肉质：叶肥厚多汁。如玉树、马齿苋、芦荟等。

图1-4　双子叶植物叶的组成
1. 叶片　2. 叶柄　3. 托叶

（2）叶形　指叶片的整体形状。不同植物叶形不同，有时差异很大。叶形是识别植物的重要依据之一，叶的基本类型如图1-5。

①圆形：长宽近相等，最宽处近中部的叶形，如荷花、铜钱草等。

②卵形：长约为宽的1.5～2倍，最宽处近下部的叶形，如女贞。

③倒宽卵形：长宽近相等，最宽处近上部的叶形，如玉兰等。

④宽卵形：长宽近相等，最宽处近下部的叶形，如马甲子等。

⑤倒卵形：长约为宽的1.5～2倍，最宽处近上部的叶形，如栌兰等。

⑥椭圆形：长约为宽的1.5～2倍，最宽处近中部的叶形，如大叶黄杨等。

⑦披针形：长约为宽的3～4倍，最宽处近下部的叶形，如柳等。

⑧倒披针形：长约为宽的3～4倍，最宽处近上部的叶形。

⑨长椭圆形：长约为宽的3～4倍，最宽处近中部的叶形，如金丝梅等。

⑩线形：长约为宽的5倍以上，最宽处近中部的叶形，如沿阶草等。

⑪剑形：长约为宽的5倍以上，最宽处近下部的叶形，如石菖蒲等。

⑫此外，还有三角形、戟形、箭形、心形、肾形、菱形、匙形、镰形、偏斜形等。

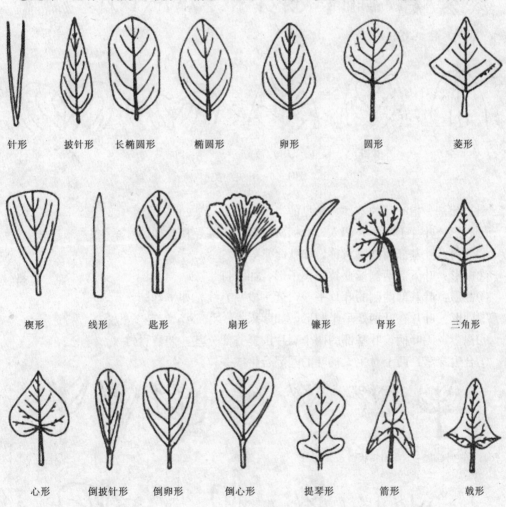

| 针形 | 披针形 | 长椭圆形 | 椭圆形 | 卵形 | 圆形 | 菱形 |

| 楔形 | 线形 | 匙形 | 扇形 | 镰形 | 肾形 | 三角形 |

| 心形 | 倒披针形 | 倒卵形 | 倒心形 | 提琴形 | 箭形 | 戟形 |

图1-5　叶的基本类型

（3）叶尖　叶尖是叶片的先端，常见的叶尖类型如图1-6。

①尾尖：先端延伸较长，近尾状。如广东万年青、东北杏等。

②渐尖：先端为锐角，渐趋于尖狭，如乌桕等。

③锐尖：尖端为锐角，且叶边缘直顺。

④钝尖：尖端成一钝角或狭圆形，如大叶黄杨等。

⑤截形：先端平截，近乎成一直线，如鹅掌楸。

⑥尖凹：先端稍凹入，如凹叶景天等。

⑦倒心形：先端宽圆且凹入明显，如酢浆草。

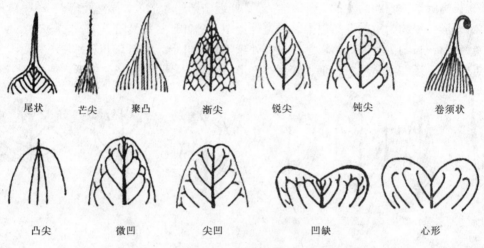

| 尾状 | 芒尖 | 聚凸 | 渐尖 | 锐尖 | 钝尖 | 卷须状 |

| 凸尖 | 微凹 | 尖凹 | 凹缺 | 心形 |

图 1-6　叶尖的类型

（4）叶基　指叶片的基部，常见的类型如图 1-7。

①心形：叶片于叶柄处凹入，叶柄两侧各有一圆裂片，如圆叶牵牛。

②偏斜：叶基部两侧不对称，如秋海棠等。

③楔形：叶下部两侧渐变狭呈楔子形，如垂柳。

④截形：叶基部两侧的叶片平截，近乎成一直线，如平基槭。

⑤圆形：叶片在叶柄处呈半圆形，如苹果。

⑥抱茎：无叶柄，叶基部的两个裂片围裹着部分茎，如富贵竹。

⑦合生穿茎：两个对生无柄叶的基部合生成一体。

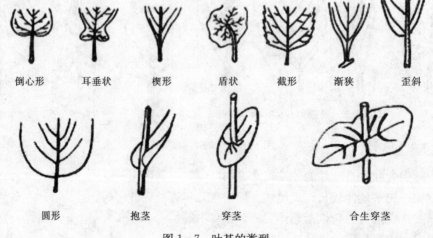

| 倒心形 | 耳垂状 | 楔形 | 盾状 | 截形 | 渐狭 | 歪斜 |

| 圆形 | 抱茎 | 穿茎 | 合生穿茎 |

图 1-7　叶基的类型

（5）叶缘　指叶片的边缘。常见的类型如图1-8。

①全缘：叶边缘平整，无任何锯齿和缺裂。如玉兰、女贞、丁香等。

②波状：叶边缘波浪状起伏。

③钝齿状：叶边缘锯齿先端钝，如大叶黄杨。

④锯齿状：叶边缘有尖锐的锯齿，锯齿先端向前，如月季花。

⑤重锯齿状：锯齿的边缘又具更小锯齿，如华北珍珠梅。

⑥浅裂：边缘浅裂至中脉约1/3处。

⑦深裂：叶片深裂至离中脉或叶基部不远处。

⑧羽状裂：裂片排列成羽状，并具羽状脉，可分为羽状深裂、羽状浅裂、羽状全裂等。

⑨掌状分裂：裂片排列成掌状，可分为掌状浅裂、掌状全裂等。

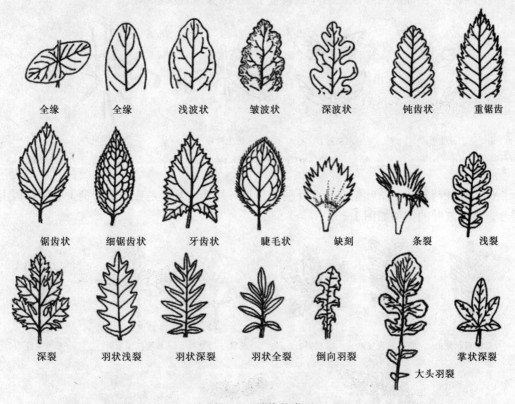

图1-8　叶缘的类型

（6）叶脉及脉序　即叶片维管束所在处的脉纹。常见的类型如图1-9。

①羽状脉：具有一条主脉，侧脉排列成羽状。

②掌状脉：几条近等粗的主脉由叶柄顶端生出。

③三出脉：由叶基伸出三条主脉。

④平行脉：多数次脉紧密而平行排列。

（7）叶序　叶在茎上的排列方式。常见的类型如图1-10。

茎状脉　　茎状三出脉　　离茎三出脉　　羽状脉　　平行脉　　射出脉

图1-9　脉序的类型

①叶互生：每节上只着生一片叶，节间有距离，如菊花等。

②叶对生：每节上相对着生两片叶，如石竹、一串红等。

③叶轮生：同一个节上着生三片或三片以上的叶，如夹竹桃等。

④叶簇生：三片或三片以上的叶成簇生于短枝上，如金钱松等。

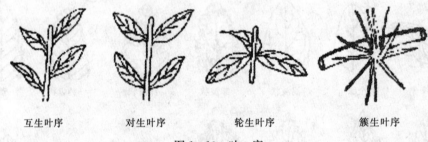

互生叶序　　　　对生叶序　　　　轮生叶序　　　　簇生叶序

图1-10　叶　序

（8）单叶与复叶　单叶指在一个叶柄上只长一片叶，复叶是在一个叶柄上有两片以上的叶。常见复叶的类型如图1-11。

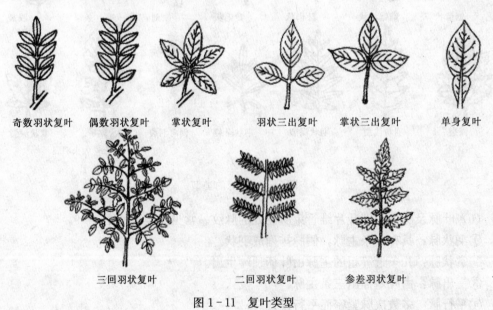

奇数羽状复叶　偶数羽状复叶　掌状复叶　羽状三出复叶　掌状三出复叶　单身复叶

三回羽状复叶　　　　二回羽状复叶　　　　参差羽状复叶

图1-11　复叶类型

①羽状复叶：小叶排列成羽状，生于总叶柄的两侧。如月季、决明等。

②掌状复叶：三片以上的小叶着生在总叶柄顶端，呈掌状。如七叶树、人参等。

③三出复叶：总叶柄上着生三片小叶，可分为掌状三出复叶，如酢浆草；羽状三出复叶，如刺桐。

（四）花

1. 花的构造　一朵完整的花由花柄、花托、花萼、花冠、雄蕊、雌蕊组成。

①花梗（花柄）：是连接茎与花的部分，并支持着花。

②花托：是花梗顶端略膨大的部分，着生花萼、花冠等部分，有多种形状。

③花萼：是花最外轮的变态叶，由若干萼片组成，常绿色，有保护幼花的作用。

④花冠：花第二轮的变态叶，由若干花瓣组成，常有各种颜色和香味。

⑤花被：花萼和花冠的合称。

⑥雄蕊：着生在花托上雌蕊的外围，由花丝和花药两部分组成。

⑦雌蕊：位于花的最中央，由柱头、花柱、子房组成。

2. 花冠的类型　花冠的形态多种多样。由于花瓣的离合、花冠筒的长短、花冠裂片的形状和深浅等不同，形成各种类型的花冠（图1-12）。

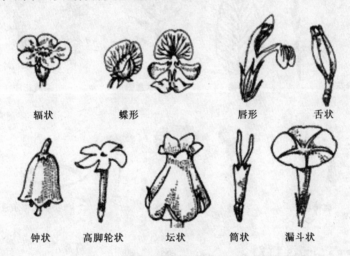

辐状　　蝶形　　唇形　　舌状

钟状　　高脚轮状　　坛状　　筒状　　漏斗状

图1-12　花冠的类型

3. 花序的类型　花序是指花排列于花枝上的情况。根据花序中花的开放顺序，分为有限花序和无限花序。

有限花序：也叫聚伞花序，花序顶端或中心的花先开，渐及下边或周围。由于顶花先开，限制了花序轴的继续伸长。常见的有限花序类型有4种，如图1-13。

无限花序：也叫总状类花序，其开花的顺序是花轴下部的花先开，渐及上部，或由边缘的花先开，渐及中心。常见的无限花序类型如图1-14。

（五）果实和种子

1. 果实的类型

（1）单果　一朵花中仅有一个雌蕊形成的果实叫单果。根据果实成熟时的质地和结

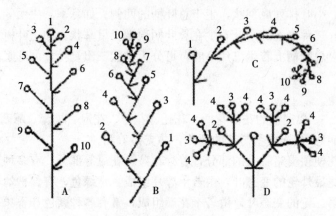

图1-13　有限花序的类型
A. 单歧聚伞花序　B. 蝎尾状聚伞花序　C. 螺状聚伞花序　D. 二歧聚伞花序

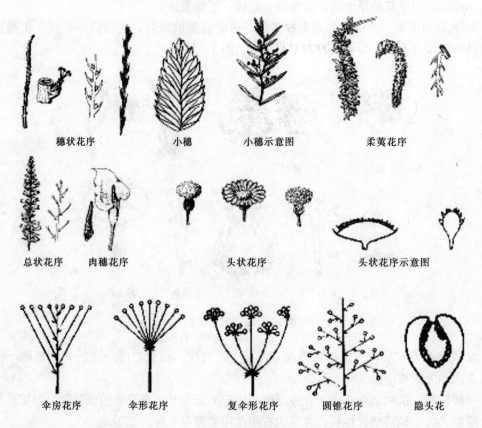

图1-14　无限花序的类型

构，可将果实分为肉质果和干果两类。肉质果肉质多汁，干果成熟时果皮干燥。

　　（2）聚合果　指一朵花中许多离生单雌蕊聚集生于花托，并与花托共同发育成的果实。每一离生雌蕊各发育成一个单果（小果）。根据单果的种类可将其分为聚合瘦果（如草莓等）、聚合核果（如悬钩子等）、聚合坚果（如莲等）和聚合蓇葖果（如八角、芍药）等。

（3）复果　由整个花序发育成的果实，又叫聚花果，花序中的每朵花形成独立的小果。

2. 种子的形态　种子的形状、大小、色泽和附属物等因植物种类的不同而异。烟草、马齿苋、兰科植物的种子近于微粒，而君子兰、紫茉莉的种子则为大粒种子。有些种子的形状为球形、扁球形，而有些则为肾形、楔形或舟形等。种子的颜色以褐色和黑色较多，但也有其他颜色。种子表面有的光滑发亮，也有的暗淡或粗糙。粗糙的表面通常有穴、沟、网纹、条纹、突起、棱脊等雕纹。此外，有的种子还具有翅、冠毛、刺、芒和毛等附属物，这些都有助于种子的传播。种子的形态特征在植物种类鉴别、商品检验、检疫和优良品种的判定等方面有重要的意义。

四、植物检索表的格式与使用

植物检索表是进行植物分类最主要的工具书，其作用是帮助识别、鉴定植物。其性质犹如查寻汉字时使用的字典。

植物检索表的编制是根据法国人提出的二岐分类法进行编制的，即运用植物形态特征的比较方法，把各种植物的关键性特征提出，进行比较，抓住区别点，相同的归在一项之下，不同的归在另一项之下；在相同的项目下，又以区别点再进行区分，如此下去，最后便将各种植物彼此区分开。

各分类等级都有自己的检索表。植物检索表的格式主要有两种：

（一）等距检索表

将每一种相对特征的描写，给予同一号码，并列在同一距离处，如1，1；2，2；3，3等，如此继续逐项列出，逐级向右错开一字格，描写行越来越短，直到科、属或种名出现为止。优点：将相对特征性质的排列在同样距离，一目了然，便于应用。缺点：如编排的种类很多，势必造成偏斜而浪费篇幅。

1. 花开于展叶前
　2. 花瓣6，紫色 ·· 辛夷
　2. 花瓣9，白色 ·· 玉兰
1. 花开于展叶后或与叶同时开放
　　3. 落叶
　　　4. 花梗粗短 ·· 厚朴
　　　4. 花梗细长 ·· 天女花
　　3. 常绿 ··· 荷花玉兰

（二）平行检索表

把每一对相对特征的描写，并列在相邻两行里，每一项后面注明往下查的号码或植物名称。优点：排列整齐而美观。缺点：不及等距检索表那么一目了然。

1. 花开于展叶前 ·· 2
1. 花开于展叶后或与叶同时开放 ·· 3
2. 花瓣6，紫色 ·· 辛夷

2. 花瓣 9，白色 ·· 玉兰

　3. 落叶 ·· 4

　3. 常绿 ··· 荷花玉兰

　　　4. 花梗粗短 ································ 厚朴

　　　4. 花梗细长 ································ 天女花

在进行植物鉴定时，应根据需要选用检索表，也可以从纲开始检索直到种。要达到预期检索的目的，必须同时具备完整的检索表资料和所检索对象性状完整的标本。检索鉴定时，首先要弄清植物各部的形态特征，尤其要仔细解剖和观察花的构造，掌握所要鉴定植物的各类特征，然后沿着纲、目、科、属、种的顺序进行检索。在初步确定了所鉴定植物所属的科、属、种的基础上，再用植物志、图鉴、分类手册等工具书，进一步核对已检索到的植物的生态习性、形态特征描述，以确保检索鉴定的准确性。

使用检索表检索时应注意以下几点：①一定要熟读每组对立特征的表述。②理解表述的特征的含义，不能猜测。③有关大小的特征，用数字定量化，不能揣测。④细微特征用足够放大倍数的放大镜进行观察，不能马虎。⑤新鲜的植物标本，常有颜色等的变化，不能仅通过对一个材料的观察就下结论，一定要对材料各部分以及很多标本进行观察研究，选取要点进行检索。

第二节　花卉学基础知识

一、花卉的概念

花卉的含义有狭义和广义之分，狭义的花卉是指有观赏价值的草本植物，如凤仙花、鸡冠花等。广义的花卉是指株形优美、枝叶秀丽、花香果硕、色彩艳丽，可供观赏和装饰的草本植物和木本植物，还包括具有特定功能的草坪植物和地被植物。

二、花卉的分类

（一）依据花卉生活型与生态习性分类

1. 一、二年生花卉

（1）一年生花卉　是指在一个生长季内完成整个生活史的草本花卉。一般在春天播种，夏秋开花、结实，然后枯死，故又称春播花卉。如鸡冠花、百日草、万寿菊等。

（2）二年生花卉　是指需要跨越两个年度才能完成整个生活史的草本花卉。实际上其整个生活时间常不足一年，但因跨过了两个年度，故称二年生花卉。一般在秋天播种，以幼苗状态越冬，翌年春夏开花、结实，然后枯死，故又称秋播花卉。如三色堇、金盏菊、雏菊等。

2. 宿根花卉　是指个体寿命超过两年，可连续生长，多次开花结实，且地下部分的形态正常，不发生变态现象的一类多年生草本花卉。如菊花、芍药、鸢尾、秋海棠类、君子兰、花烛、鹤望兰等。

3. 球根花卉　是地下部分发生变态的多年生草本花卉。其地下根系或地下茎常膨大成球形或块状，成为植物体的营养贮藏器官，并以此来渡过寒冷的冬季或炎热的夏季，待环境适宜时，再度生长、开花。如大丽花、唐菖蒲、郁金香、百合等。

4. 木本花卉　以赏花、观果为主的灌木或小乔木。如牡丹、月季、杜鹃花、山茶花、瑞香等。

5. 室内观叶植物　以叶为主要观赏器官并多盆栽供室内装饰用的一类花卉植物。这类植物大多数是性喜温暖、湿润的常绿植物，又具有一定的耐阴性，适于室内陈设观赏。

6. 兰科花卉　泛指兰科植物中具观赏价值的种类。如春兰、蕙兰、卡特兰、蝴蝶兰、石斛兰、兜兰等。

7. 仙人掌类及多浆植物　指植株的茎叶肥厚多汁，具有发达的贮水组织，姿态奇特可供观赏的一类植物。如仙人掌、金琥、玉树、景天、石莲花、虎尾兰等。

8. 水生花卉　泛指生长在水中或沼泽地中的一类观赏植物。如荷花、睡莲、香蒲、千屈菜、慈姑等。

9. 香草植物及观赏草类　香草植物是指具有特殊香味的一类植物。以草本植物为主，也包括灌木和亚灌木。如熏衣草、迷迭香、碰碰香、夜来香等。观赏草是指具有极高生态价值和观赏价值的一类单子叶多年生草本植物，以禾本科植物为主。如狼尾草、矮蒲草、花叶芦竹、细叶芒、茅、血草等。

10. 草坪及地被植物　草坪植物是指园林或运动场中覆盖地面的低矮的多年生草本植物。如草地早熟禾、高羊茅、结缕草、黑麦草、狗牙根、匍匐剪股颖等。地被植物是指株丛低矮、密集，用于覆盖地面、防止水土流失，并具有一定观赏和经济价值的植物。如红花酢浆草、麦冬、葱兰、蔓长春花、吉祥草等。

（二）依花卉对光照的适应性分类

1. 依对光照强度的要求分类

（1）阳性花卉　必须在完全的光照下生长，不能忍受荫蔽，否则枝叶纤细、花小色淡、生长不良而失去观赏价值。大部分观花、观果类花卉及沙漠型的仙人掌科、景天科多浆植物都属于此类。另外，少数观叶类花卉如棕榈、苏铁、小叶榕等也属于阳性花卉。

（2）阴性花卉　在适度荫蔽的环境下生长良好，不能忍受强烈的阳光直射。如蕨类植物、兰科花卉、天南星科以及秋海棠科的多数花卉种类。

（3）中性花卉　对光照强度的要求介于上述二者之间，喜欢阳光充足，但也能忍耐不同程度的荫蔽。草本花卉如萱草、耧斗菜、桔梗、白芨等，木本花卉如杜鹃花、山茶花、白兰花、栀子花、八仙花等都属此类。

2. 依对光照长短的反应分类

（1）长日照花卉　指在生长过程中，需要在某一段时期内，每天的光照时数必须在12小时以上，才能形成花芽并开花的一类花卉。如百合、唐菖蒲、瓜叶菊等。在自然条件下，春夏季开花的花卉多属此类。

（2）短日照花卉　指在生长过程中，需要在某一段时期内，每天的光照时数必须在12小时以下才能诱导花芽分化，从而形成花芽并开花的一类花卉。一年生花卉及秋季开花的多年生花卉多属此类，如雁来红、秋菊、蟹爪兰、一品红、昙花等均为典型的短日照花卉。

（3）中日照花卉　这类花卉在整个生长过程中，对日照时间长短没有明显的反应，只要其他条件适合，营养生长正常，一年四季都能开花。如月季、扶桑、香石竹、茉莉、非洲菊等。

（三）依花卉对水分的适应性分类

1. 旱生花卉　具有较强的抗旱能力，在干燥的气候和土壤条件下能正常生长发育。多数原产于炎热而干旱地区的仙人掌类及多浆植物即属此类。

2. 湿生花卉　耐旱性弱，需生长在潮湿的环境中，在干燥或中生的环境下生长不良，在深水环境中也生长不良。如蕨类植物、海芋等。

3. 中生花卉　在水分条件适中的土壤中才能正常生长。这类花卉既不耐干旱，也不耐水淹。大多数花卉都属此类，但不同的种类对土壤干湿程度的要求与适应性略有区别。

4. 水生花卉　指全部或根部生长在水中，适应有水的环境，而遇干旱则枯死。

（四）依花卉对温度的适应性分类

1. 耐寒性花卉　具有较强的耐寒力，能耐 0℃ 以下的低温，在我国北方寒冷地区能露地越冬。一般原产于温带和寒带。如萱草、牡丹、二月兰、郁金香等。

2. 不耐寒性花卉　耐热性较强，耐寒力差，在我国华南、西南南部可露地越冬，在其他地区需温室越冬，故又称温室花卉。多原产于热带和亚热带地区。如米兰、扶桑、变叶木及许多竹芋科、凤梨科、天南星科、胡椒科的花卉。

3. 半耐寒花卉　指耐寒力介于耐寒花卉与不耐寒花卉之间的一类花卉。它们多原产于暖温带，生长期间能短期忍受 0℃ 左右的低温。在北方地区需加防寒设施方可安全越冬，在长江流域能保持绿色越冬。如二年生花卉中的三色堇、金盏菊、雏菊、紫罗兰、桂竹香、金鱼草等；部分常绿木本花卉如夹竹桃、棕榈等。

（五）依花卉对土壤酸碱度的适应性分类

1. 酸性土花卉　指那些在酸性或强酸性土壤中才能正常生长的花卉。它们要求土壤 pH<6.5。如蕨类植物芒萁、石松等，木本花卉山茶花、杜鹃花、栀子花及八仙花等都是典型的酸性土花卉。

2. 碱性土花卉　指那些在碱性土中生长良好的花卉。它们要求土壤 pH>7.5。如柽柳、石竹、天竺葵、蜀葵等。

3. 中性土花卉　指在中性土壤（pH6.5～7.5）中生长最佳的花卉。大多数花卉属于此类。

（六）按花卉的观赏部位分类

1. 观花类　以观花为主的花卉，欣赏其艳丽的花色或观赏其奇异的花形，一般花期较长。如月季、牡丹、山茶、杜鹃、大丽花等。

2. 观茎类　这类花卉的茎、枝常发生变态，具有独特的观赏价值。如仙人掌类、竹节蓼、文竹、光棍树等。

3. 观叶类　以观叶为主。其叶形奇特或带彩色条斑，富于变化，具有很高的观赏价值。如龟背竹、变叶木、花叶芋、彩叶草、蔓绿绒、蕨类等。

4. 观果类　植株的果实形态奇特、艳丽悦目、挂果时间长且果实干净，可供观赏。如五色椒、金银茄、金橘、佛手、乳茄、钉头果、紫金牛等。

5. 观芽类　主要观赏其肥大的叶芽或花芽，如银芽柳等。

（七）按园林用途分类

1. 花坛花卉　主要用于布置花坛，以一、二年生草花为主，如一串红、鸡冠花、万寿菊、三色堇、金盏菊等。

2. 花境花卉　主要用于布置花境，以宿根花卉和矮灌木为主，如萱草、芍药、毛地黄、矮蒲苇、金叶小檗、粉花绣线菊、狼尾草等。

3. 盆栽花卉　主要用于盆栽观赏，如大花蕙兰、春石斛、仙客来、一品红、君子兰、蝴蝶兰、洋八仙等。

4. 切花花卉　主要用于生产鲜切花，如百合、唐菖蒲、香石竹、马蹄莲、非洲菊、老虎须、荷姜花等。

5. 岩生花卉　原产于山野石隙间的花卉，较耐干旱、瘠薄，主要用于布置岩石园，如白头翁、常夏石竹、景天、佛甲草等。

6. 棚架花卉　主要用于园林中篱、垣、棚架绿化的藤本花卉。如铁线莲、紫藤、凌霄、爬山虎、黄金络石、木香、藤本月季、观赏南瓜、观赏葫芦等。

三、花卉拉丁学名的组成与命名法则

每一种花卉都有普通名和拉丁学名。普通名是指获得广泛的接受但通常没有科学起源的名称。普通名称的取名方式多种多样，有些是根据花朵的形态来取名，像一串红、鸡冠花、金鱼草、跳舞兰、玉簪等，有些根据开花的季节来取名，如春兰、寒兰等。花卉的普通名应用广泛，容易记忆，有些名称对花卉的识别也很重要，但是往往存在同名异花和同花异名等混乱现象，因而容易使人们产生混淆，不利于交流和贸易。而花卉的拉丁学名是以植物学上的形态特征为主要分类依据，按照科、属、种、变种、品种等来分类并给予拉丁文形式的命名。按照《国际栽培植物命名法规》，栽培植物的学名以属—种—栽培品种三级划分而成。属与种由拉丁文或拉丁化的词组成，在印刷体上为斜体字，如梅应表示为 *Prunus mume*，其中第一个词是属名，首字母大写，第二个词为种加词，首字母小写；品种名称不用斜体字，直接在品种名称上加上单引号，如‘美人’梅应表示为 *Prunus mume* ‘Mei Ren’。变种也是种之下的分类单位，变种的名称在印刷体上为斜体字，首字母小写，并且前面要加上缩写 var.，如斑叶君子兰应表示为 *Clivia miniata* var. *citrina*。变型的表示方式与变种类似，即变型的名称在印刷体上也是斜体字，首字母小写，前面要加上变型的缩写 f.，如羽衣甘蓝的学名为 *Brassica oleracea* var. *acephalea* f. *tricolor*，说明羽衣甘蓝是甘蓝的变种的变型。花卉的学名很规范，每一种植物都只有一个学名。因此，在交流、贸易、科研等场合上就排除了被弄错的可能性。

四、花卉种质资源的收集与保存

（一）种质资源的概念

花卉种质资源是指能将特定的遗传信息传递给后代并有效表达的花卉遗传物质的总

称。包括具有各种遗传差异的野生种、半野生种和人工栽培类型。

（二）种质资源的作用

1. 种质资源是育种工作的物质基础　确定的育种目标要得以实现，首先就取决于掌握有关的种质资源的多少。如果育种工作者掌握的种质资源越丰富，对它们的研究越深入，则利用它们选育新品种的成效就越大。大量的事实证明，育种工作者的突破性成就，决定于关键性资源的发现和利用。

2. 种植资源是不断发展新花卉植物的主要来源　据不完全统计，全球植物有 35 万～40 万种，其中 1/6 具有观赏性。这些花卉植物有许多还处于野生状态，尚待人们对其进行调查、收集、保存、研究和引种驯化，以满足人们日益增长的物质、文化生活的需要。

3. 种质资源是植物造景的基础　中国地大物博，园林植物资源丰富多彩，仅种子植物就超过 2.5 万种以上，其中乔灌木种类约 8 000 多种。通过引种驯化直接用于园林绿地，以丰富植物造景材料。

（三）种质资源收集范围及原则

种植资源必须根据收集的目的和要求，单位的具体条件和任务，确定收集的对象，包括类别和数量。收集范围应该由近及远，根据需要先后进行，首先应考虑珍稀濒危种的收集，其次收集有关的种、变种、类型和遗传变异的个体，尽可能保存生物的多样性。种苗收集应遵照种苗调拨制度的规定，注意检疫，并做好登记、核对，尽量避免材料的重复和遗漏。

（四）种质资源调查

1. 考察地点的选择　大多采用沿路，每隔一定的距离以及根据植被的差异进行调查，也有采用了航空摄影，把植物分层，再按不同的层次选择调查地点的方法。

2. 调查记录　包括调查者姓名、日期、地点、种名、亚种名、主要性状、海拔高、坡向、坡度、土质、土层厚度、湿度、根的伸展、地下水位、道路交通、生态环境和栽培条件、人为条件、伴生树种等，同时应拍摄植物的照片、生态照片。在现场鉴定植物有困难时，可压制植物的标本。

3. 考察说明书的编写　内容包括自然概况，种质资源的种类、分布、群落学特性，今后保护、发展、利用和研究方向等，并附分布图和有关照片。

（五）种质资源收集的方法

1. 直接收集　在调查考察的基础上直接收集有关物种资源。收集的材料包括种子、枝条、植株、球根、花粉等。收集的数量应以充分保持育种材料的广泛变异性为原则。根据前人的经验，每个地方（或每个群体）以收集 50～100 个植株为宜，每个植株可采集50 粒种子。但这些数目也随调查收集目的及具体情况而异。对无性繁殖植物的采集，栽培种在一个采集区只要收集 50～200 份材料。对野生种，至少随机采集 10～20 份。

2. 交换或购买　各国植物园、花木公司、花圃等都印有植物名录，可通过信函交换或购买，如国际种质，可无需远涉重洋，快捷方便，节省人力物力。

（六）种质资源的保存

1. 自然保存法　野生花卉资源的开发和利用必须建立在加强保护的基础上。对于濒危的野生植物资源和名贵种类，必须严格保护。建立自然保护区，严禁盲目地乱采滥挖，以保证资源的可持续利用。对于有开发应用价值的资源，必须有组织有计划地在保护好资源的前提下合理开发。

2. 种植保存法　将一些生境遭到破坏或研究利用价值高的资源采用得力措施加以合理保护、保存和发展。选择环境条件适宜的地区，建立一定规模的野生花卉资源的迁地保护基地。

3. 组织培养保存法　积极应用生物技术手段，快速繁殖珍稀濒危野生花卉，做到既可有效地保存珍稀种质，又可扩大珍稀花卉种群数量，特别用组织培养形成的胚状体贮藏种质资源，可保存特有种质，并形成无性系，大大节约土地和劳力，繁殖系数高、繁殖容易，可免除病毒的感染。

4. 种子低温保存法　将含水量降到 6%～8% 时的健全种子，装在密封的容器中，放在低温、干燥、黑暗的贮藏库中，则可较长期地保存种子的生活力。温度分为两种：一种是 $-1℃$，可保存 150 年以上；另一种是 $-10℃$，可保存 700 年。

5. 超低温种质保存法　超低温是指 $-80℃$（干冰低温）乃至 $-196℃$（液氮低温），在这种温度条件下，细胞的整个代谢和生长活动都完全停止。因此，组织细胞在超低温的保存过程中，保证不会引起遗传性状的变异，也不会丧失形态发生的潜能。超低温冰冻保存技术，对各类花卉种质的保存，尤其是珍贵植物和濒危植物的种质保存具有十分重要的意义。

第三节　植物的成花机理

植物经过一定时期的营养生长后，在适宜的外界条件下，就会分化出花芽，由此就进入生殖生长阶段。经过研究发现，对开花最有影响的环境因子是低温和日照长度。

一、春化作用

低温诱导促使植物开花的作用叫春化作用。植物通过春化作用所需低温程度和天数，是随种类的不同而异，一般与原产地有关。原产地在北方的种类，要求的温度低，所需时间较长，原产南方的种类则相反。如二年生花卉的多数种类，需在 0～10℃ 的低温下，经过 30～70 天，才能完成春化阶段。这类花卉秋季播种之后，以幼苗状态越冬，满足其低温要求后，于春天气温回升后便可正常开花。冬季的低温能促使这些植物成花加速。

另外，早春开花的多年生花卉如鸢尾、芍药以及唐菖蒲、百合等通过春化阶段也要求低温。在生产上可以利用人工的低温处理，来满足植物分化花芽所需要的低温，以达到控制植物花芽分化从而达到控制花期的目的。

二、光周期现象

在自然条件下，昼夜总是交替进行的，在不同纬度地区和不同季节里昼夜的长短发生有规律的变化，这种昼夜日照长短周期性的变化称为光周期。光周期对花卉植物的生命活动有着密切关系，许多植物都依赖于一定的日照长度和相应的黑夜长度的交替性变化，才能诱导花芽分化和开花。不同植物对光周期的反应不同，主要分为三种类型：长日照植物、短日照植物、中日照植物（详见花卉分类部分）。

在昼夜的光暗交替中，暗期对植物的成花起决定作用，短日照植物的成花要求暗期长于一定的临界值，而长日植物则要求暗期短于临界夜长。植物接收光周期信号的部位是叶片，叶片感受光周期信号后，产生的成花物质传递至发生花芽分化的茎生长点，在那里发生从营养生长锥向生殖生长锥的转变。

根据各种花卉植物的花芽分化对日照长短的要求，分别给予满足或加以抑制，则可起到控制花期的效果。

三、花芽分化与发育

（一）花芽分化的理论

花卉植物由营养生长转化为生殖生长的过程称为花芽分化。花芽分化和发育在植物一生中是关键性的阶段。花芽的多少和质量不但直接影响观赏效果，还影响到种子生产。因此，了解花芽分化的理论和规律，确保花芽分化的顺利进行，对花卉栽培和生产具有重要意义。

碳、氮比学说认为，花芽分化的物质基础是糖类（即碳水化合物）在植物体内的积累，当糖类含量比较多，而含氮化合物少时，可以促进花芽的分化。当营养物质供应不足时，花芽分化将不能进行，即使有分化，其数目也甚少。如在菊花、芍药、香石竹的栽培中，为使花朵增大，常将一部分花芽疏去，以便养分集中于少数花中，使花朵增大。

另外，"成花素"学说则认为花芽分化是由于成花素的作用，认为花芽的分化是以花原基的形成为基础的，而花原基的发生则是由于植物体内各种激素趋于平衡所导致。形成花原基以后的生长发育速度也主要受营养和激素所制约。除上述学说外，也有些研究认为，植物体内的有机酸含量及水分多少对花芽分化也有影响。

（二）花芽分化的阶段

当植物进行一段时间的营养生长，并通过春化作用及光照阶段后，即进入生殖阶段。营养生长逐渐缓慢或停止，花芽开始分化，芽内生长点向花芽方向形成，直至雌、雄蕊完全形成为止。整个过程可分为生理分化期、形态分化期和性细胞形成期，三者顺序不可改变，缺一不可。生理分化期是在芽的生长点内进行生理变化，通常肉眼无法观察；形态分化期进行着花部各个花器的发育过程，如先是生长点凸起肥大叫花芽分化初期，后依次是花萼、花冠、雄蕊、雌蕊的形成期；花粉、胚珠形成期为性细胞形成期，有些花木类的性细胞是在第二年春季发芽以后，开花前才形成，如樱花、八仙花等。

（三）花芽分化的类型

根据花芽开始分化的时间及完成分化全过程所需时间的长短不同，可分为以下几种类型：

1. 夏秋分化型　花芽分化一年一次，于6～9月高温季节进行，秋末花器主要部分已分化完成，第二年早春或春天开花。其性细胞的形成必须经过低温。多数木本类的花卉如牡丹、丁香、梅花、榆叶梅等和秋植球根类花卉均属此类。

2. 冬春分化类型　在春季温度较低时进行花芽分化。二年生花卉和春季开花的宿根花卉均属此类。

3. 当年一次分化的开花类型　在当年生枝的新梢上或花茎顶端形成花芽，于当年夏秋开花。如紫薇、木槿、木芙蓉等花木类。夏秋开花的宿根花卉，如萱草、菊花、芙蓉葵等基本属此类型。

4. 多次分化类型　一年中多次发枝，每次枝顶均能形成花芽并开花。四季开花的花木类如茉莉、月季、倒挂金钟等，以及一些宿根花卉、一年生花卉等均属此类。

5. 不定期分化类型　每年只分化一次花芽，但无定期，只要叶面积达到一定数量就能分化花芽并开花。如凤梨科、芭蕉科的某些种类。

(四) 花芽发育

有些花卉在花芽分化完成后，花芽即进入休眠，要经过一定的温度处理才能打破花芽的休眠。例如许多花木类，春末夏初花芽就已经分化完成，但整个夏季花芽不膨大，只有经过冬季低温期之后才迅速膨大起来。另外，当光照不足时往往会促进叶子生长而有碍花芽发育。例如月季在适宜的温度条件下，产花量随光照强度的升高而增加。

四、休　　眠

休眠是指植物体或其器官在发育的某个时期生长和代谢暂时停顿的现象，通常特指由内部生理原因决定，即使外界条件（温度、水分）适宜也不能萌动和生长的现象。种子、茎（包括鳞茎、块茎）、块根上的芽都可以处于休眠状态。

能延长休眠的因素主要是低温，其次是水分。延长低温的时间，可使花卉继续休眠。将球根贮藏在干燥的环境中，也可延长休眠的时间。人为地延长或缩短休眠期是花期控制的主要措施之一。

第四节　土壤肥料学基础知识

一、土壤质地及其改良

(一) 土壤质地

粗细不同的土粒在土壤中占有不同的比例，从而形成了不同的土壤质地，习惯上又称为土质。土壤质地有沙土、壤土和黏土之分。

1. 沙土　含沙粒较多，土质疏松，易于耕作；土粒间空隙大，通气透水，但蓄水保肥能力差；土温高，昼夜温差大；有机质分解迅速，不易积累，腐殖质含量低。常用作扦插基质，或用作培养土的配制成分和改良黏土的成分，也适宜栽培球根花卉和多浆类植物。

2. 黏土　土质黏重，土粒之间孔隙小，通气透水性能差，吸水保肥能力强；土温低，昼夜温差小，有机质分解缓慢，对大多数花卉生长不利。

3. 壤土　土粒大小适中，性状介于沙土和黏土之间，不松不紧，既能通气透水，又能蓄水保肥，水、肥、气、热的状况比较协调，是理想的土壤质地，适合大多数花卉生长。

（二）土壤改良

栽培花卉植物所用的土壤，应具有良好的团粒结构，疏松而又肥沃，排水和保水性能良好，富含大量腐殖质，酸碱度适合。但理想的土壤是很少的。因此，在种植花卉之前，应根据土壤成分、土壤养分及土壤酸碱度（pH）等情况进行改良。

1. 改善土壤理化性状　土壤理化性质欠佳时，可采取如下措施加以改良：①在圃地内，普施土壤改良剂、微肥等，以增加土壤矿物质含量，使改良后的土壤团粒结构变好，酶活性增强，养分提高。②在土壤易板结的圃地内施用土壤结构改良剂，改善土壤团粒结构，减小土壤容重，增加总孔隙度。

2. 提高土壤有机质含量　具体措施：①施入有机肥。如堆肥、厩肥、锯末、腐叶、泥炭以及其他容易获得的有机物质，来提高土壤的有机质含量，这对提高地温，保持良好的土壤结构，调节土壤的供肥、供水能力均起着重要作用。②追施有机肥。主要以腐熟的粪肥为主。追肥应分散施用，可采用条状挖沟施肥，也可与中耕结合进行。③休闲轮作，恢复地力。圃地休闲时将土地闲置，待雨季将地上的杂草翻压在土中，任其腐烂以作肥料。轮作时一般以种植黄豆、绿豆等豆科作物为好。秋季作物收获后，结合施基肥进行耕耙，整平耙细，第二年春季再进行正常生产。

二、土壤酸碱度及其调节

土壤酸碱度是指土壤溶液的酸碱程度，用 pH 表示。土壤酸碱度与土壤理化性质和微生物活动有关。因此，土壤中的有机质及矿物质营养元素的分解和利用也和土壤酸碱度密切相关。pH=7 时表示中性，pH>7 时表示碱性，pH<7 时表示酸性，且数值越小表示酸性越强。各种花卉对土壤酸碱度的适应力有较大差异。当前栽培的花卉种类来自世界各地，因此对土壤反应要求不一。大多数花卉生长适宜的 pH 范围是 5.5～6.5。一般而言，原产北方的花卉耐碱性强，原产南方的花卉耐酸性强。而大多数露地栽培的花卉要求中性土壤，温室盆栽花卉多数要求酸性或微酸性土壤。

由于花卉对土壤酸碱度要求不同，栽培时应根据种类或品种需要，对酸碱度不适宜的土壤进行调节与改良。若在碱性土壤中栽培喜酸性花卉时，一般露地栽培可施用硫酸亚铁，每 10 米^2 均匀施入 1.5 千克，施用后酸碱度可相应降低 0.5～1.0；黏性重的碱性土，用量需适当增加。对喜酸性土壤的盆栽花卉如杜鹃花、山茶花、栀子花、八仙花等，常浇灌硫酸亚铁与饼肥混合的水溶液效果较好。其配制方法是将饼肥 10～15 千克、硫酸亚铁 2.5～3 千克，加水 200～250 千克放入缸内混合，于阳光下暴晒发酵，腐熟后取上清液加水稀释即可施用。当土壤酸性过高不适宜花卉生长时，根据土壤情况可用生石灰中和，以提高土壤的酸碱度。草木灰是良好的钾肥，也可起到中和酸性的作用。含盐量高的土壤，采用淡水洗盐可降低土壤 EC 值。

三、土壤含盐量和电导率（EC）

将土和水按一定的比例混合，使其中的盐类尽可能溶解出来，然后测定水溶液的 EC 值，便可比较土壤的盐类浓度。电导率是表示各种离子的总量和硝态氮之间存在着的相关性。因此，可以通过 EC 值推断土壤或基质中氮素含量。不同种类的花卉以及同种花卉的不同生育时期，其适宜的 EC 值也不同。据报道，在土与水为 1：2 的情况下，几种常见花卉的 EC 值为：香石竹 0.5～1.0 毫西/厘米，菊花 0.5～0.7 毫西/厘米，月季 0.4～0.8 毫西/厘米为适宜。

四、土壤消毒方法

土壤是病虫害传播的主要媒介，也是病虫繁殖的主要场所。许多病菌、虫卵和害虫都在土壤中生存或越冬。因此，不论是苗床用土、盆花用土，还是露地圃地，使用前都需彻底消毒。常用的消毒方法有：

（一）高温消毒

1. 日光消毒 将配制好的培养土放在清洁的混凝土地面上、木板上或铁皮上，薄薄平摊，暴晒 3～15 天，即可杀死大量病菌孢子、菌丝和害虫卵、害虫和线虫。

2. 蒸气消毒 有条件的地方可以用管道（铁管等）把锅炉中的蒸气引到一个木制的或铁制的密封容器中，把土壤装进容器进行消毒。蒸气温度在 100～120℃，消毒时间为 40～60 分钟。

（二）药剂消毒法

1. 甲醛熏蒸 ①用 0.5％甲醛喷洒床土，拌匀后堆置，用薄膜密封 5～7 天，再揭去薄膜，令药味挥发后再使用。②用甲醛 50 倍液浇灌土壤，密闭 24 小时，再晾 10～14 天即可使用。③每立方米培养土中，均匀喷撒以 40％甲醛 400～500 毫升加水 50 倍配成的稀释液，然后堆土，上盖塑料膜，密闭 24～48 小时后，去掉覆盖物，摊开土，待甲醛气体完全挥发后便可使用。

2. 氯化苦 是一种剧毒熏蒸剂，既可杀虫、杀鼠、灭菌，又可防治线虫。每平方米 25 穴，穴深 20 厘米，穴距 20 厘米，每穴灌药液 5 毫升。施药后立即用土把穴盖上并踩实，在土壤表面洒水，延缓药剂挥发。气温在 20℃以上时，保持 10 天，15℃时保持 15 天，然后多次翻地耙地，使氯化苦充分散尽即可。使用氯化苦时要戴手套和防毒面具。

3. 多菌灵 每立方米培养土施 50％多菌灵粉 40 克，拌匀后用薄膜覆盖 2～3 天，揭膜后待药味挥发掉即可使用。

4. 代森锌 每立方米培养土施 65％代森锌粉剂 60 克，拌匀后用薄膜覆盖 2～3 天，再揭去薄膜，待药味挥发掉即可使用。

5. 百菌清 45％百菌清烟剂每平方米 1 克熏棚 5 小时。

进行土壤消毒时，一定要戴上口罩和手套，防止药物吸入口内和接触皮肤，工作后要漱口，并用肥皂认真清洗手脸。

五、花卉培养土的配制

露地花卉由于根系能够自由伸展，对土壤的要求一般不甚严格，只要土层深厚，通气和排水性能良好，并具有一定肥力就可以。但对盆栽花卉来讲，由于根系的伸展受到花盆的限制，培养土的好坏就成了盆花栽培成败的关键因素。盆花栽培用土不同于一般园土，而是经过人们精心选择，按照一定比例配制而成的培养土。

（一）配制培养土的原料及特性

1. 河沙　颗粒较粗、不含杂质、洁净，酸碱度为中性，排水透气性能良好但毫无肥力，适于扦插育苗、播种育苗以及直接栽培仙人掌及多浆植物。一般黏重土壤可掺入河沙，改善土壤的结构。

2. 园土　一般为菜园、果园、竹园等的表层沙壤土，土质比较肥沃。南方园土偏酸，北方园土偏碱。园土变干后容易板结，透水性不良，一般不单独使用，只能作为调制培养土的成分之一。

3. 腐叶土　由秋季落叶加肥水和田园土通过分层堆积后腐熟而成。含有大量的有机质，疏松肥沃、透气性和排水性良好，呈弱酸性，可单独用来栽培君子兰、兰花、仙客来等多种花卉。通常于秋冬季节收集阔叶树的落叶（以杨、柳、榆、槐等容易腐烂的落叶为好），与园土、鸡粪、骨粉等混合堆放1~2年，待落叶充分腐烂即可过筛使用。

4. 松针土　在山区森林里针叶树的落叶经多年的腐烂形成的腐殖质，即松针土。松针土呈灰褐色，较肥沃，透气性和排水性良好，呈强酸性，适于杜鹃花、栀子花、山茶花等喜强酸性土花卉的栽培。

5. 草炭土　又称泥炭土，是由芦苇等水生植物经泥炭藓的作用炭化而成。草炭土柔软疏松，排水性和透气性良好，呈弱酸性，是配制培养土的优良原料。用草炭土栽培原产南方的兰花、山茶、桂花、白兰等喜酸性花卉较为适宜。

6. 蛭石　褐色片状，通气性、保水性良好，质地轻，是常用的调配培养土的原料之一。

7. 珍珠岩　白色颗粒状，通气性、排水性良好，质地轻，宜与蛭石、泥炭混合使用。也是常用的调配培养土的原料之一。

（二）培养土的配制方法

不同种类的花卉及花卉不同的生长发育阶段对培养土的要求均不相同。常见使用的盆花培养土配制成分及比例有如下几种类型，仅供参考。

1. 温室一、二年生花卉　如报春花、瓜叶菊、蒲包花等。幼苗期培养土为腐叶土：园土：河沙=5：3.5：1.5；定植用培养土为腐叶土：园土：河沙=2~3：5~6：1~2。

2. 宿根花卉　如紫苑、芍药等培养土可用腐叶土：园土：河沙=3~4：5~6：1~2。

3. 温室球根花卉　如大岩桐、仙客来、球根秋海棠等培养土可用腐叶土：园土：河沙=5：4：1。

4. 温室木本花卉　如山茶、含笑、白兰花等，可用腐叶土3~4份，再混以园土及等量的河沙，加少量的骨粉。

5. 仙人掌及多浆植物 园土：粗砂＝1∶1；令箭荷花、昙花、蟹爪兰等为腐叶土∶园土∶河沙＝2∶2∶3。

6. 杜鹃类 推荐用松针土∶腐熟的马粪（牛粪）＝1∶1。

7. 主要花木 扦插苗以腐叶土∶园土∶河沙＝4∶4∶2；橡皮树、朱蕉等可用腐叶土∶园土∶河沙＝3∶5∶2；棕榈、椰子等可用园土∶河沙＝5∶2。

六、主要营养元素对花卉生长发育的作用

维持花卉植物正常生长发育的营养元素有大量元素和微量元素两大类。大量元素主要有10种，其中构成有机成分的元素有碳、氢、氧、氮4种，形成灰分的矿物质元素有磷、钾、硫、钙、镁、铁6种。在植物生活中，氧、氢二元素可自水中大量取得，碳素可取自空中，矿物质元素均从土壤中吸收。氮、磷、钾虽然存在于土壤中，但其含量远不能满足植物生长发育的需要，必须通过施肥加以补充。因此，通常将氮、磷、钾称为肥料的"三要素"。

除上述大量元素外，尚有为植物生活所必需的微量元素，如硼、锰、锌、铜、钼等，在植物体内含量甚少，约占植物体重的0.001%～0.0001%。在植物栽培中通常用根外追肥的方式给予补充。

主要元素对花卉生长发育的作用如下：

1. 氮 促进植物的营养生长，增进叶绿素的产生，使花叶增大、种子丰满。氮素供应充足时，花卉茎叶繁茂，叶色深绿，延迟落叶；而供应不足时，植株矮小，枝梢稀疏细弱，叶绿素减少。但氮素过多时，会造成茎徒长，延迟开花，并降低对病害的抵抗力。

2. 磷 能促进种子发芽，有助于花芽分化，促使开花良好，还能使茎发育坚韧，不易倒伏。此外，磷能增强根系的发育。磷缺乏时会影响正常开花，使花朵变小，花瓣变少。因此，花卉在幼苗营养生长阶段需要施适量的磷肥，进入花芽分化期和开花期以后，磷肥需要量更多。

3. 钾 能使花卉生长强健，茎秆坚韧，不易倒伏；能促进叶绿素的形成和光合作用进行，促进根系发育，对球根花卉效果尤佳。钾过量时，植株低矮，节间缩短，叶子变黄；钾不足时，光合作用显著下降，茎秆细弱。

4. 钙 用于细胞壁、原生质及蛋白质的形成，可以为植物直接吸收，使组织坚固，并可促进根的发育。钙还可以降低土壤酸度，在我国南方酸性土地区亦为重要肥料之一。

5. 硫 能促进根系的生长，并与叶绿素的形成有关。硫可以促进土壤中微生物的活动，如豆科根瘤菌的增殖，可增加土壤中氮的含量。

6. 铁 铁在叶绿素形成过程中，有重要作用。当铁缺少时，叶绿素不能形成，因而碳水化合物不能制造。在通常情况下，不发生缺铁现象，但在石灰质土或碱性土中，缺铁现象容易发生。缺铁时，植株下部叶片保持绿色，嫩叶的叶脉仍保持绿色，而叶脉间黄化。

7. **硼**　能改善氧的供应，促进根系的发育和豆科根瘤的形成，还有促进开花结实的作用。

8. **锰**　对叶绿素的形成和糖类的积累转运有重要的作用；对于种子发芽和幼苗的生长以及结实均有良好的影响。

七、常用肥料及其功能作用

花卉生长发育所需的各种营养元素主要来源于肥料，肥料主要有有机肥、无机肥和微肥。

（一）有机肥料

凡是营养元素以有机化合物形式存在的肥料，称为有机肥料。有机肥的特点是种类多、来源广、养分完全。使用有机肥料能改良土壤的理化性质，肥效缓慢而持久，但营养元素含量低。

有机肥料多以基肥形式施入土壤中，也可作追肥，但必须经过充分腐熟才能施用。常用的有机肥有人粪尿、厩肥、鸡鸭粪、草木灰、饼肥等。

人粪尿主要提供氮素，但因有异味，影响环境卫生，故不能直接施入园林或花盆中，可用于苗圃或晒成粪干后使用。厩肥是由家禽的粪便杂有部分饲草饲料沤制而成。以氮为主，也含有一定量的磷、钾元素，肥力比较柔和，充分发酵后可作基肥直接施入苗圃地或花坛。鸡、鸭粪是磷元素的主要来源，特别适合观果植物使用，因肥效较慢，所以多不作追肥施用。草木灰是钾素的主要来源，含钙也较多，常呈碱性，不可用于酸性植物。饼肥包括豆饼、花生饼或棉籽饼等，养分完全且丰富，pH≤6.0，属于酸性肥料，是酸性土花卉的主要肥源。使用前应加水发酵腐熟，当干施时肥效发挥较慢，可作基肥；当对水浇施时肥效快，宜作追肥。生产上将硫酸亚铁与饼肥的混合液称"矾肥水"，其配制方法及比例为：黑矾（硫酸亚铁）1 份、饼肥 2 份、粪干 4 份，加水 80 份，经阳光暴晒全部腐熟后，即可稀释使用，它不仅可提供花木生长发育所需要的营养元素，还可调节土壤的酸碱度，是一种理想的追肥材料。

（二）无机肥和微肥

无机肥料所含的氮、磷、钾等营养成分以无机化合物的状态存在，大多数要经过化学工业生产，故又称化肥。其特点是养分单一，含量高，肥效快，体积小，便于运输，且清洁卫生，使用方便。缺点是若长期使用，会造成土壤板结，宜与有机肥配合使用。常用的化肥有尿素、硫酸铵、过磷酸钙、磷酸二氢钾及硫酸亚铁、硼酸（微肥）等。其中尿素和硫酸铵主要提供速效氮，过磷酸钙提供速效磷，硫酸亚铁除提供铁以外，还可以调整土壤的酸碱度，磷酸二氢钾和硼酸主要用于根外施肥，以补充植物体内的磷、钾和硼的不足。化肥和微肥主要用作追肥，兼作基肥或根外施肥。

除上述几种肥料外，还有复合肥和专用花肥等，这类肥料营养元素较全，使用起来也较方便卫生，尤其适用于家庭或室内盆栽花木。

八、花卉的营养贫乏症及症状识别

在花卉的生长发育过程中，当缺少某种营养元素时，在植株的形态上就会呈现一定的病状，称为花卉营养贫乏症。但各元素缺少时所表现的病状，也常依花卉的种类与环境条件的不同，而有一定的差异。为便于参考，现将主要元素贫乏症检索表分列如下。

花卉营养贫乏症检索表：

1. 病症通常发生于全株或下部较老叶子上。
　2. 病症经常出现于全株，但常是老叶黄化而死亡。
　　3. 叶淡绿色，生长受阻，茎细弱并有破裂，叶小，下部叶比上部叶的黄色淡，叶黄化而干枯，
　　　成淡褐色，少有脱落 ……………………………………………………………… 缺氮
　　3. 叶暗绿色，生长延缓；下部叶的叶脉间黄化，而常带紫色，特别是在叶柄
　　　上，叶早落 …………………………………………………………………………… 缺磷
　2. 病症常发生于较老较下部的叶上。
　　3. 下部叶有病斑，在叶尖及叶缘常出现枯死部分。黄化部分从边缘向中部
　　　扩展，以后边缘部分变褐色而向下皱缩，最后下叶和老叶脱落 ……………… 缺钾
　　3. 下部叶黄化，在晚期常出现枯斑，黄化出现于叶脉间，叶脉仍为绿色，叶缘向上或向下反曲，
　　　而形成皱缩，在叶脉间常在一日之间出现枯斑 ………………………………… 缺镁
1. 病症发生于新叶。
　2. 顶芽存活。
　　3. 叶脉间黄化，叶脉保持绿色。
　　　4. 病斑不常出现。严重时叶缘及叶尖干枯，有时向内扩展，形成较大面积，仅有较大叶脉
　　　　保持绿色 ……………………………………………………………………… 缺铁
　　　4. 病斑通常出现，且分布于全叶面，极细叶脉仍保持为绿色，形成细网状；花小而花色
　　　　不良 …………………………………………………………………………… 缺锰
　　3. 叶淡绿色，叶脉色泽浅于叶脉相邻部分。有时发生病斑，老叶少有干枯 ……… 缺硫
　2. 顶芽通常死亡。
　　3. 嫩叶的尖端和边缘腐败，幼叶的叶尖常形成钩状。根系在上述病症出现以前已经死亡 …… 缺钙
　　3. 嫩叶基部腐败；茎与叶柄极脆，根系死亡，特别是生长部分 …………………… 缺硼

第五节　植物保护基础知识

一、植物病虫害防治原则

花卉植物病虫害的防治应贯彻以"预防为主，综合防治"的植保方针，积极遵从"以园艺技术措施为基础，因地制宜地协调好生物、物理、化学等各种防治方法，以达到经济、安全、有效地控制病虫害不成灾的可持续控制"原则，同时避免或减少环境污染和其他有害的副作用，保证人畜安全和生态平衡。

二、病虫害防治措施

（一）植物检疫措施

在自然条件下，植物的病虫害分布常有一定的区域性。但在生产活动中，由于种子、种苗的频繁交换、调运，人为地将一些危险性病虫害在省际、国际或地区间传播，给花卉

生产带来极大的威胁。因此，植物检疫对病虫害的防治很有必要。

植物检疫主要有三个方面的任务：①对外检疫的任务是，严禁危险性病虫害随植物材料及其产品由国外传入和由国内传出。②对内检疫的任务是，将已在局部地区发生的危险性病、虫、杂草严密封锁，并在疫区就地消灭。③当危险性病虫害侵入新区时，立即采取措施，彻底消灭。应注意：无论是引进的还是输出的种苗，均需取得检疫机构的检疫证书方可放行。

（二）园艺栽培技术措施

科学的栽培管理技术，能够减少病原物的来源，改善环境条件，使之有利于寄主植物的生长发育，提高植物的抗逆性，不利于病原物的生存，是简单易行的有效措施。

1. **保证圃地良好的卫生状况**　经常保持圃地的清洁卫生，及时清除、销毁病虫植株残体和枯枝落叶，减少病虫的侵染源。在生产操作过程中要避免重复污染，防止用具和人手将病菌传给健康植株。带病的土壤和盆钵，不经消毒，不能重复使用。

2. **选择优良的抗病品种**　选择优良、抗病虫性强的品种，并配合合理的栽培技术，如在最佳种植季节播种或栽植，进行合理的施肥和灌水，加强土壤和基质的消毒等，从而达到防病虫的目的。

3. **采用合理轮作**　由于很多病虫害都是通过土壤传播的，故连作会加重一些病虫害的发生。合理的轮作可避免病原菌和害虫的积累，从而达到防病目的。一般3～4年轮作一次，但必须注意，轮作的植物应是非寄主植物，使土壤中的病原物因找不到食物"饥饿"而死，从而获得预期的效果。

（三）生物防治措施

生物防治是指利用某些有益生物或生物的代谢产物来防治病虫害的方法，是以虫治虫、以菌治虫、以菌治菌的方法。这种方法不污染环境，病虫害也不容易产生抗性，而且还具有经常、持续控制病虫害的优点，是农药等非生物防治病虫害方法所不能比的。

生物防治的主要方法：①利用寄生性天敌防治。主要有寄生蜂和寄生蝇，最常见的有用赤眼蜂、寄生蝇防治松毛虫等多种害虫，用肿腿蜂防治天牛，用花角蚜小蜂防治松突圆蚧等。②利用微生物防治。常见的有应用真菌、细菌、病毒和能分泌抗生物质的抗生菌，如应用白僵菌防治马尾松毛虫（真菌），苏云金杆菌各种变种制剂防治多种林业害虫（细菌），病毒粗提液防治蜀柏毒蛾、松毛虫、泡桐大袋蛾等（病毒）。③利用捕食性天敌防治。这类天敌很多，主要为食虫、食鼠的脊椎动物和捕食性节肢动物两大类。鸟类有山雀、灰喜鹊、啄木鸟等捕食害虫的不同虫态。鼠类天敌如黄鼬、猫头鹰、蛇等，节肢动物中捕食性天敌有瓢虫、螳螂、蚂蚁等昆虫外，还有蜘蛛和螨类。

（四）物理防治措施

就是利用简单的工具以及光、温度、电、放射能、机械阻隔等措施防治花卉病虫害。例如，利用黑光诱杀趋光性害虫，用黄色黏胶板诱黏有翅蚜虫等。

（五）化学防治措施

用化学手段防治病虫害，是目前防治病虫害的主要手段，方法简单、见效快，但易引起人畜中毒、污染环境、杀伤天敌、植物药害和病虫抗性等问题。因此，在使用化学农药时应注意以下问题：①用药时一定要选用高效低毒的药剂。②做到合理使用农药。掌握好浓度、用量，避免盲目乱用，避免在高温时喷药。另外，还要注意农药要交替使用，避免病、虫产生抗药性。③做到安全使用农药。要严格遵守农药安全使用规程，喷施农药的人员必须戴防护面具，身着防护服，喷过药的地块要有标牌，在一定时间内不准游人和工作人员进入。喷施农药时要防止危害蜂、鱼、鸟等动物和其他农作物。使用过的农药瓶、袋及农药残液要集中，并采取适当的处理，以防污染环境及伤害人、畜及鸟类。

三、常见农药种类及使用方法

农药的种类和品种繁多，国内生产的品种达几百种，剂型更多。根据防治对象不同，农药大致可分为杀虫剂、杀菌剂等。

（一）杀虫剂

1. 敌百虫　为高效、低毒的有机磷制剂，持效期较短。该药纯品为白色结晶，剂型有90%原粉、80%可溶性粉剂、25%油剂。用90%原粉1 000倍液喷雾，可防治金龟子、卷叶蛾、螟蛾、蓑蛾、刺蛾、尺蛾、夜蛾、舟蛾等。防治地下害虫时，可用90%原粉1份加100份的饵料制成毒饵，诱杀地老虎、蝼蛄等。该药易水解失效，故应随配随用，不要搁置很久。它对蚜虫、红蜘蛛等刺吸式口器类害虫的防治效果较差。

2. 氧化乐果　为高效内吸杀虫、杀螨剂。原油为浅黄至黄色油状液体。它易溶于水、乙醇、丙酮和苯中，遇碱易分解。剂型有40%乳油。以40%乳油，稀释1 000～1 500倍液，防治蚜虫、红蜘蛛、粉虱、介壳虫、叶蝉、木虱、蓟马等刺吸式口器的害虫内吸效果好。注意，此药对人、畜胃毒性强，要防止进入口腔。

3. 辛硫磷　是一种高效、低毒、低残留的广谱性杀虫剂，具有强触杀作用和胃毒作用，同时还具有一定的熏蒸作用，但持效期短。原液为黄棕色油状液体，易溶于多种有机溶剂，遇碱性物质易分解，高温下也易分解。剂型有50%、75%乳油，3%、5%颗粒剂。使用50%乳油稀释1 000～2 000倍液喷雾可防治3～4龄刺蛾幼虫、蚜虫、红蜘蛛、凤蝶幼虫。按50%乳油1∶50倍稀释拌种，可防治蛴螬、蝼蛄、金针虫等地下害虫。施入土中有效期可达1个月左右，而叶面喷雾有效期仅为1～2天。应注意不宜在高温季节施药，不宜与碱性物质混合。贮存时，要放在阴暗处。

（二）杀菌剂

1. 波尔多液　是一种常用的花木表面保护性杀菌剂。它的特点是杀菌力强，药效范围广，作用持久。它是由硫酸铜、石灰和水配制而成的。配好的波尔多液，是一种天蓝色的胶状悬液，刚配好时悬浮性好，但搁置久后，易沉淀。该药液要现配现用，不宜贮存。由于波尔多液呈碱性，与其他农药混用时应注意该特性，配制时忌用金属容器，否则易产生腐蚀作用。

波尔多液的配制方法有几种，其中两液法、稀铜浓石灰乳法较好。两液法是将硫酸铜和生石灰分别溶化于等量的水中，同时将两液倒入第三个容器中，边倒边搅均匀即成。在配制杀菌剂时，此法常用，但需要三个容器，操作比较费事。而稀铜浓石灰法，即用多量的水溶解硫酸铜，用少量水溶解石灰，配成稀硫酸铜及浓石灰乳，然后将稀硫酸铜液均匀倒入浓石灰乳中，边倒边搅即成。

2. 石硫合剂 在生产中广泛应用，对防治多种花卉的叶斑病和锈病等有良好的效果。石硫合剂也用于防治介壳虫、红蜘蛛等。与有机磷杀虫剂交替使用，可减少螨类的抗药性。石硫合剂的生产原料是生石灰、硫黄粉和水。它们的配合量为生石灰 1 份，硫黄粉 1.3～1.4 份，水 13 份。熬制成的石硫合剂母液是透明的红棕色液体，有皮蛋的臭味，具碱性，遇酸分解快。稀释后的石硫合剂，喷洒在花木表面上，与空气接触，受氧气、水和二氧化碳等影响，产生一系列的化学变化，游离出细微的硫黄沉淀，释放出少量的硫化氢，从而发挥出杀菌作用。

由于石硫合剂具碱性，对昆虫表皮蜡质层有侵蚀作用。因此，对较厚蜡质层的介壳虫和一些昆虫的卵有较好的防治效果。

冬季清园时可用 3～4 波美度（5～7 倍液）石硫合剂，生长季节用 0.3～0.4 波美度（56～76 倍液）的药液，早春后用 0.2～0.3 波美度（76～115 倍液）的药液。使用不当，幼嫩组织易被烧伤。

3. 代森锌 是优良的保护性杀菌剂。工业原粉为淡黄色粉末，略具臭鸡蛋味。农用商品为 65% 可湿性粉剂。该药剂在高温、日光下不稳定，在潮湿条件下易分解失效，在水溶液中更易分解，常温下每小时分解 10% 左右，遇碱性物质能促进其分解。药剂残效期 7 天左右。用 65% 可湿性粉剂 500～600 倍液对防治葡萄霜霉病、黑痘病、芍药褐斑病、桂花褐斑病等，有较好的防治效果，但代森锌在用于防治白粉病上基本无效。

4. 多菌灵 是一种内吸广谱性高效低毒的杀菌剂，工业纯品为灰白色结晶，农用商品为 25%、50% 可湿性粉剂。该农药化学性质稳定，对人、畜较安全，对花木使用也较安全。用 50% 多菌灵可湿性粉剂 500～1 000 倍液，对防治炭疽病、月季黑斑病、白粉病等，有良好的效果。

5. 退菌特 是有机砷和有机硫的混合杀菌剂，剂型有 50%、80% 可湿性粉剂。退菌特是由福美甲胂、福美锌、福美双等三种药剂组成。用 50% 退菌特可湿性粉剂 800～1 000 倍液，可防治白粉病、炭疽病、疮痂病等。退菌特是广谱性的保护性杀菌剂，其工业产品是灰白色粉末，具鱼腥气味。该药对人、畜具有中等毒性，且能累积毒性，对花木却很安全。

6. 甲醛 是常用于熏蒸消毒的杀菌剂，商品为 40% 的水剂，俗称福尔马林。用甲醛 50～300 倍液浸种子，时间 5～180 分钟，可杀死附着于种子上的多种病菌。用甲醛 50～100 倍液，按每平方米 6～12 千克的量消毒土壤，盖上塑料薄膜或麻袋片加以熏蒸，能有效杀死土壤中有害微生物。处理后的土壤要经 1～2 周的时间待甲醛挥发后，才能播种或种植花苗。该农药对人、畜低毒，如直接熏花苗易引起药害，使用时应注意方法和浓度等。

7. 托布津 是一种高效低毒的内吸杀菌剂，对多种花木的真菌病害具有预防和治疗效果。剂型有 50%、70% 可湿性粉剂两种。用 50% 托布津可湿性粉剂 500～1 000 倍液，对防治白粉病、灰霉病、炭疽病、叶斑病、菌核病等，效果非常明显。该农药对人、畜低毒，对花木较安全。

8. 五氯硝基苯　该药的纯品为白色片状或针状无味结晶，工业品为黄色或灰白色粉末，不溶于水，化学性质稳定，不受空气、温度、日光及酸碱度的影响。在土壤中很稳定，残效期长，对人、畜毒性小，是一种优良的拌种剂和土壤杀菌剂。其制剂有 50% 和 70% 可湿性粉剂两种。拌种量为种子的 0.2%～0.4%；土壤消毒，每公顷用 37.5～67.5 千克可湿性粉剂，施于播种沟内，穴播每公顷用 30～37.5 千克可湿性粉剂。

第二章　初级花卉园艺工技能知识

第一节　花木繁殖基本技能

一、播种繁殖

（一）花卉种子的采收与处理

1. **留种母株的选择**　留种母株必须选择特别健壮、能体现品种特性而无病虫害的植株，为避免品种间机械或生物混杂，种植时在不同变种的植物之间要作必要的隔离，并经常进行严格的检查、鉴定，淘汰劣变植株。

2. **种子的采收与处理方法**　种子达到形态成熟后必须及时采收并及时处理，以防散落、霉烂或丧失发芽力。采收种子的方法因花卉的种类不同而异。

（1）**干果类种子的采收与处理**　开裂的干果，应在果实充分成熟行将开裂或脱落前采收，最好于清晨空气湿度较大时采收，以免果实开裂而散落种子。如半支莲、凤仙花、三色堇、花菱草、月见草等。对不开裂的干果和不易散落的种子，以及成熟期比较一致的花卉种类，可以当大部分果皮出现变黑、变黄、变褐等成熟特征时，一次性刈割果枝采集种子。如万寿菊、翠菊、孔雀草、百日草。

干果类种子采收后，宜放于阴凉通风处 1～3 周使其尽快风干，使含水量控制在 8%～15%。种子含水量达到标准后，将种子去除杂质，装入纱布缝制的袋内。如果种子品种多，要从袋上贴上标签，以免混淆，然后把种子袋挂于室内阴凉、通风处。平时注意防潮湿、烟熏和鼠害。

（2）**肉质果类种子的采收与处理**　肉质果成熟的指标是果实的变色和变软。未成熟的一般为绿色并较硬，随着成熟逐渐转为白、黄、橙、红、紫、黑等颜色，含水量增加由硬变软。肉质果成熟后要及时采收，过熟会自落或遭鸟虫啄食。若果皮干燥后才采收，会加深种子的休眠或受霉菌侵染。

肉质果采收后先在室内放置几天使种子充分成熟。腐烂前用清水将果肉洗净，并去除浮于水面的不饱满种子。果肉必须洗净，否则易滋生霉菌。洗净后的种子干燥后再贮藏。

（3）**种球的采收与贮藏**　球茎、鳞茎等种球如美人蕉、大丽花等，在落霜之前应及时将地下种球从土壤中挖出来。晾 2～3 天后，放在低温、通风、湿润的室内，用湿沙覆盖贮藏。但应注意，覆盖的沙不要太湿，以防霉烂。室温应保持在 5～10℃，过高易发芽，过低易产生冻害。

（二）播种育苗技术

1. **播种期的确定**　主要根据计划用花的时间、花卉生育特性及生育周期、当地气候和育苗条件来决定播种期，常用倒推法。如用鸡冠花布置国庆节花坛，应让其在 9 月 25

日前后开花，若鸡冠花的生育周期（即从播种到开花的时间）为110天，则其播种期应在6月5日前后。

2. 育苗方式　常见的育苗方式有露地育苗、盆播育苗和穴盘育苗等。露地育苗时，首先对土壤进行翻耕，同时施入基肥，然后灌水，待土表发白变干后打埂做畦，并把田面耙平整，准备下种。在花坛内直播时，还应根据花坛的设计图纸，用很小的土埂把坛面分成不同形状的小块。盆播育苗适合细小种子和珍贵的种子。播种容器以浅盆为最好。播种盆内装入配制好的播种基质（不需加肥，以免幼苗徒长和病菌蔓延），用木板刮平，轻度镇压。若播种基质过于干燥时，应先浇水，待水分渗完后，即可播种。

穴盘育苗是近代普遍采用的一种育苗方法，它是以草炭、蛭石、珍珠岩为育苗基质，以不同孔穴的穴盘为容器，一次成苗的育苗方式，是花卉专业化育苗的方向，其技术要求严、设备投资大、规模生产要求高。操作时，先将基质拌匀，调节基质含水量至55%～60%。手工播种应首先把育苗基质装在穴盘内，刮除多余的基质，然后每穴打一播种孔进行播种。播种后覆盖一层蛭石，然后注意保温保湿，出苗后逐渐通风透光。

3. 播种量的确定　播种量应根据生产计划和种子本身的特性来定。种子的特性包括发芽率、成苗率等。如计划"五一"供应一串红1 000盆，发芽率85%，成苗率80%。则种子的量应为1 000÷85%÷80%＝1 470粒。

4. 播种方式　通常有3种方式，即点播、条播和撒播。大粒种子常用点播的方式，如向日葵、美人蕉和大丽花等；中粒种子常用条播的方式，如一串红等；小粒种子常用拌沙撒播的方式，如彩叶草、鸡冠花和矮牵牛等。

5. 覆盖　播种后应根据种子的光敏性进行覆盖。好光性种子如矮牵牛、四季海棠等播种后不覆盖，厌光性种子如翠菊、大波斯菊、美女樱、万寿菊、金盏菊、福禄考、大丽花、羽衣甘蓝等播种后一般要覆盖。覆盖材料常用保水性、透气性均好的粗蛭石，也可以用泥炭代替，覆盖的厚度以种子直径的2～3倍为准，且须均匀。

6. 播种后的管理　播种后将苗床压实，使种子与苗床紧密接触，便于种子由土壤中吸水发芽。浇水最好用细眼喷壶或喷雾器喷雾，使苗床的土壤吸透水，也可覆盖塑料地膜保墒，待种子发芽后及时揭掉。

移栽时期因花卉种类不同而异，一般在幼苗具2～4片展开的真叶时进行，苗太小操作不便，过大又伤根太多，缓苗时间延长。阴天或雨后空气湿润时移栽，成活率高，或以清晨或傍晚移苗，忌晴天中午移苗。起苗当天，先给苗床浇一次水，移栽后也要及时浇水，水量不宜大，最好用喷壶浇水。

7. 病虫害防治　主要病害有猝倒病、白粉病和叶斑病等。猝倒病是因气温过高、盆土过湿、通风不良引起的，发病后根颈部出现水渍状斑点，叶片萎蔫。防治方法：选择透气性较好的基质，注意基质的消毒，加强栽培环境通风。白粉病是因湿度太高、通风不良引起，防治方法：喷洒50%甲基硫菌灵500～1 000倍液。叶斑病可用波尔多液，或65%代森锌500倍液，每隔7～10天喷1次，连喷2～3次。

主要虫害有蚜虫和红蜘蛛。喷洒40%氧化乐果1 200～1 500倍乳液可防治蚜虫，喷洒三氯杀螨醇1 200～1 500倍液可防治红蜘蛛。

二、扦插繁殖

扦插繁殖是利用植物茎、叶、根等营养器官的再生能力，使其在适宜条件下生根或发芽成为新植株的繁殖方法，其中所采用的繁殖材料叫插穗或插条。扦插繁殖在花卉园艺中应用十分广泛，具有繁殖材料充足、产苗量大、成苗快、开花早、并能保持原品种优良性状等优点。缺点是扦插苗无主根，根系较弱，寿命较短。

依选取植物器官、插穗成熟度的不同而将扦插繁殖分为枝插、叶插、叶—芽插和根插。

（一）枝插

1. 嫩枝扦插　在生长期用幼嫩的枝梢作为插穗的扦插方法，适用于常绿或落叶木本花卉、草本花卉及仙人掌与多浆植物。这种方法在有温室的条件下，一年四季都可进行。

（1）插穗的选取　植物种类不同，其取材方式也不同。木本花卉如月季、连翘、夹竹桃等宜采用当年生半木质化的枝条作为插穗，过嫩容易腐烂，老化后生根困难，不易成活。草本花卉如菊花、大丽花、矮牵牛、香石竹和秋海棠等多采用带顶芽的枝梢作插穗。

（2）插穗的剪取方法　通常按2～4节为一段剪开（长约5～10厘米），保留上部1～2枚叶片，若叶片过大可剪去1/3～1/2，以免水分蒸发过多。下剪口位置宜靠近节下方，在基部节下0.3～0.5厘米处剪成马蹄形，剪口一定要光滑（图2-1）。

图2-1　嫩枝插穗的剪取方法
1. 天竺葵　2. 仙人掌

（3）扦插方法　插前先用木棒扎孔，随即将剪好的插穗插入湿润的基质中，用细眼喷壶喷水，使插穗与基质密接并保温保湿。对绝大多数花卉而言，新鲜的插穗有利于提高成活率，而用枝叶萎蔫的插穗，会极大地降低成活率。但仙人掌类和多浆植物扦插时应使插穗切口干燥后再插，以防腐烂。对于多汁液花卉如一品红宜将切口沾上草木灰后再扦插。

2. 硬枝扦插　以生长成熟的休眠枝作插穗的繁殖方法，常用于木本花卉的扦插。许多落叶木本花卉，如月季、紫薇、木槿、石榴、紫藤等均常采用。在落叶后至来年萌芽前进行。选取成熟、节间短而粗壮、无病虫害的1～2年生枝条中部，剪成长度在10厘米左右，约3～4节的插穗，上剪口要离上芽0.5～1厘米平剪，下剪口接近节的部位斜剪（图2-2）。扦插时短的插穗多直插，长的插穗多斜插，扦插基质为河沙或一般壤土。株行距3厘米×5厘米，深度3～5厘米。扦插后一定要用手将插穗基部压实固定，浇透水。

3. 半硬枝扦插　以生长季发育充实的带叶枝梢作为插穗的扦插方法，常用于常绿或半常绿木本花卉，如米兰、栀子、杜鹃、月季、海桐、黄杨、茉莉、山茶和桂花等的繁殖。最好在春梢完全停止生长而夏梢尚未萌动期间进行。半硬枝扦插的插穗必须带有适量的叶片。

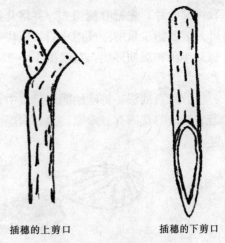

插穗的上剪口　　　　插穗的下剪口

图 2-2　硬枝插穗的剪取方法

（二）叶—芽插

叶—芽插又称单芽插，是以一叶一芽及芽下部带有一小段茎作为插穗的扦插方法。此法具有节约插穗、操作简单等优点，但成苗较慢。在橡皮树、山茶、桂花、八仙花、杜鹃、玉树等叶插不易产生不定芽的花卉种类常采用。其新根从保留的小茎段发生，地上部分靠腋芽萌发后形成。插穗的剪取及扦插方法见图 2-3。

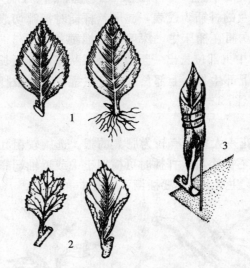

图 2-3　叶—芽插
1. 山茶　2. 菊花　3. 橡皮树

（三）叶插

叶插是用一片叶或叶的一部分作插穗的繁殖方法。适用于叶容易生根又能生芽的花卉种类。这类花卉大多具有粗壮的叶柄、叶脉和肥厚多汁的叶片。如景天科、龙舌兰科的多肉植物以及蟆叶秋海棠、非洲紫罗兰、豆瓣绿等植物。叶插需选择发育充实的叶片，在设备良好的繁殖床内进行，以维持适宜的温度和较高的湿度以及良好的通气条件，才能得到良好的结果，否则叶片容易腐烂。

叶插的方法主要有以下几种：

1. 全叶插　以完整叶片为插穗。

（1）平置法　以蟆叶秋海棠的叶插为代表（图 2-4 中 1）。剪取生长健壮成熟的蟆叶秋海棠叶片，先把叶柄切去，并将几条主要叶脉切断数处，然后正面向上平铺在插床上，叶片表面撒少量的沙或用小石块压住，使叶片（特别是叶脉切断处）和沙密切接触，以后保持半阴和湿润环境。在温度18～25℃的条件下，约6周左右由伤口的下部生根，上部产生新的芽丛。

（2）直插法　将叶柄插入基质中，叶片露于外面，叶柄基部发生不定芽和不定根。适宜直插法的花卉有豆瓣绿、大岩桐等（图2-4中2）。

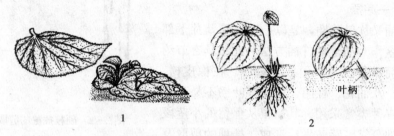

图2-4　全叶插

1. 平置法（蟆叶秋海棠）　2. 直插法（豆瓣绿）

2. 片叶插　以虎尾兰的扦插为代表，虎尾兰扦插时把叶切成5～10厘米的小段，直立插在插床中，深度约为插穗长的1/3～1/2。其后，由下部切口中央部位长出一至数个小根状茎，继而长出土面成为新芽。芽的下部生根，上部长叶。应注意在用叶段扦插时叶片上下不可颠倒（图2-5）。

（四）根插

用根插进行繁殖的花卉大多具有较为肥大的根。选用较粗壮的根，剪截成10厘米左右的小段。扦插时可横埋土中或近轴端靠近根颈的一端向上直埋。注意上下不要插倒了（图2-6）。

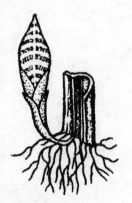

图2-5　片叶插（虎尾兰）

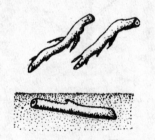

图2-6　根插（芍药）

三、嫁接繁殖

嫁接繁殖是把两株植物（常是不同的品种或种）的各一部分结合起来，使之成为一个新植株的繁殖方法。嫁接下部称砧木，上部称接穗。嫁接苗能保持品种的优良特性，且适应性和抗逆性增强，既可提高抗寒、抗旱、抗病虫的能力，又可提早开花结实。在花卉园艺上，嫁接繁殖目前主要应用于菊花、月季、仙人掌类花卉及梅花、樱花、桂花、杜鹃、垂枝桃、垂枝槐、垂枝榆等一些花木上。

（一）嫁接方法

花卉繁殖中常用的嫁接方法有枝接和芽接。

1. 枝接

（1）劈接 由砧木离地面 10～12 厘米处截去
上部枝干，然后在砧木横截面的中央，垂直切下 3
厘米左右。选取带有 2～3 个饱满芽的枝条作为接
穗，将接穗下端削成楔形，插入砧木的切口内，
使形成层对齐，然后扎紧（图 2-7）。

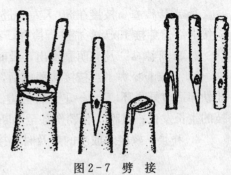

图 2-7 劈接

（2）切接 将砧木平截，在截面的一侧纵向
切下 3～5 厘米左右，稍带木质部，露出形成层。将接穗的下端削成 3 厘米左右的斜形，
再在其背侧下端斜削一刀。然后将接穗下端插入砧木，对准形成层，绑缚（图 2-8）。

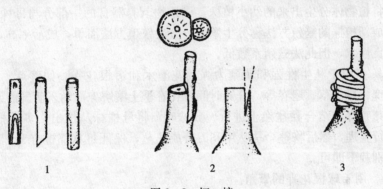

图 2-8 切 接

1. 接穗的削取方法 2. 接穗与砧木的形成层对齐 3. 绑缚

2. 芽接 以芽为接穗的嫁接称为芽接。T 字形芽接最为常用，其方法是将枝条中段饱
满的芽稍带木质部削取下来，长约 2 厘米，剪去叶片，保存叶柄。然后将砧木的皮部切一 T
字形切口，用嫁接刀的尾端将皮层挑起，芽片剔除木质部后插入切口，手握叶柄向下推入切口
内使芽片上端与砧木 T 字形上的切口对齐，用塑料薄膜带扎紧，露出芽和叶柄（图 2-9）。

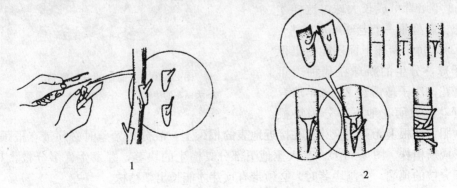

图 2-9 芽 接

1. 芽的削取方法 2. T 字形芽接的嫁接方法

(二）嫁接后的管理

1. 成活检查　枝接在 30 天左右进行检查，接穗上的芽已经萌发或仍保持新鲜，表明嫁接成活。芽接 15 天左右进行检查，芽新鲜、芽下叶柄轻触即落，表明嫁接成活。

2. 除萌抹砧　凡有萌蘖发出，及时抹除干净。

3. 去袋和松绑　当枝接接穗成活，芽已长至 4～5 厘米时，将所套袋上方剪一小口，让幼芽适应外界环境，3～5 天后去袋。过早，接口的愈伤组织还未长好，影响成活和新枝的生长发育；过晚，会勒伤甚至勒断接穗。

4. 补接　嫁接未成功的要及时补接。

四、分生与压条繁殖

(一）分生繁殖

人为地将植物体分生出来的幼小植株，或植物营养器官的一部分与母株分离或分割，另行栽植而成新植株的繁殖方法称分生繁殖。分生繁殖方法简单，成活率高，新植株能保持母株的优良性状，但此法繁殖系数低。

1. 分株　多用于丛生性强和萌蘖力强的花灌木和宿根花卉。如萱草、玉簪、芍药、天门冬、玫瑰、旱伞草、迎春等。分株时间多在春季土壤解冻而尚未萌发前或秋季落叶后进行。盆栽花卉春季结合翻盆换土进行。分株时，将母株株丛挖出，多带根系，并对老根、烂根进行整理，然后将整个株丛用利刀分成几丛，保证每丛都带有 2～3 个芽和较多的根系，分别栽下即可。

2. 分球　用于球根花卉的繁殖。分球时间大多在其休眠期，植株地上部分枯萎时进行。将母球和子球掘起，将大小不同规格的球分别晾干后保存，在栽种时分别种植。如水仙、郁金香等，栽培一年后，大球上再分生出几个小球，小球需经过 2～3 年培育可成长大球，这样才能开花。唐菖蒲一个老球可形成 1～3 个新球，每个新球下面还能生出很多小子球，分生的新球在栽种当年就能开花，小子球需经 2～3 年培育才能开花。大丽花地下部分为块根

图 2-10　大丽花的分根繁殖
1. 大丽花的块根　2. 分割的块根　3. 根颈

变态，肥大的根上无芽，腋芽长在接近地表的根颈上，故分根繁殖时必须带有根颈部分，才能形成新植株（图 2-10）。美人蕉地下部分具横生的块茎，并发生许多分枝，其生长点位于分枝的顶端，分割块茎时，必须带有顶芽才能长出新植株。

(二）压条

压条是将生长在母树上的枝条的近基部埋入土中或花盆中，并对埋入部分进行刻伤、

环剥等，待埋入的部分生根后使其与母株分离成为一个独立植株的繁殖方法。多用于扦插难以生根的花卉，或一些根蘖丛生的灌木，如桂花、蜡梅、白兰花、米兰、石榴等。

1. 单枝压条　取接近地面的枝条，作为压条材料，在压条部位的节下予以刻伤，或作环状剥皮，然后曲枝压入土中，枝条顶端露出地面，以竹钩固定，覆土10～20厘米并压紧（图2-11）。

2. 堆土压条　多用于根蘖多的直立性的花灌木类，在丛生枝条的基部予以刻伤后堆土。生根后分别移栽。如贴梗海棠、日本木瓜等。

3. 高空压条　多用于植株较直立，枝条较硬而不易弯曲，又不易发生根蘖的种类。在其当年生的枝条中，选取成熟健壮、芽饱满的枝条进行环状剥皮，再用塑料薄膜包住环剥处，环剥的下部用绳扎紧，内填以湿润的苔藓与土，然后将上口也扎紧。一个月左右生新根后剪下，将塑料薄膜解除，栽植后就成为一个独立的植株。杜鹃、山茶、桂花、米兰、橡皮树等常用此法（图2-12）。

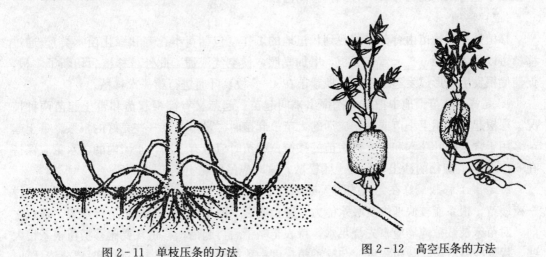

图2-11　单枝压条的方法　　　　　　图2-12　高空压条的方法

第二节　露地花卉栽培管理

露地花卉栽培种类繁多，这里主要指用于花坛、花境及园林绿地的花卉种类，包括一、二年生花卉、宿根花卉、球根花卉、木本花卉等。

一、整地的方法

整地的目的在于改良土壤的物理结构，使其具有良好的通透性，便于根系伸展。整地还可将土中的杂草、虫卵、病菌暴露于空气中，通过阳光紫外线的照射以及干燥、低温等来消灭它们。通常春季使用的土地应于前一年的秋季翻耕。翻耕时要注意土壤的干湿度要适宜，一般含水量40%～50%时进行最宜。整地深度由花卉的种类和土壤状况而决定，一、二年生花卉的生长期短，根系分布较浅，一般翻耕20～30厘米即可；球根类花卉由于地下部分肥大，对土壤的要求较严格，需翻耕 30～40 厘米；木本花卉栽植时，除将表土深耕整平外，还要开挖定植穴，大型苗木的穴深 80～100 厘米，中型苗木为 60～80 厘米，小型苗木为 30～40 厘米。整地时要求翻地全面，深度适宜，表土在下，心土在上。

二、间苗和移植

（一）间苗

又称"疏苗"，主要针对播种苗而言。间苗的原则为选优去劣，选纯去杂，去小留大，间密留稀。间苗应在 1～2 枚真叶时进行，也可分数次进行。间苗工作宜仔细，避免牵动留床苗，并应在雨后或灌水后进行。同时，在间苗之后应再浇一次水，使留床苗的根系与土壤密接。最后一次间苗称定苗。一般情况下，如果用杂交第一代种子进行育苗，为降低育苗成本也可采用幼苗移栽的方式代替间苗。

（二）移植

移植是指将幼苗由育苗床移栽到栽植地的工作（包括草本花卉和绿化苗木类）。通过移植可以增大株距，扩大营养面积，增加光照，使空气流通。此外，移植后切断了主根，促使侧根发生，形成发达的根系。地栽苗在 4～5 枚真叶时进行第一次移植。

1. 起苗　从苗圃地中把苗木挖掘出来叫起苗。起苗又有裸根起苗和带土起苗两种情况。裸根起苗多用于小苗或易于成活的大苗，起苗时尽量多保存一些完好的根系。带土起苗多用于常绿阔叶花木和针叶树大苗的移植。起苗时应带有土团，土团内的含水量应保持在 60％以上。疏松的沙土容易使土团松散，这时应另取黏土把土团加固。

2. 移栽　移栽最好在无风的阴天或降雨之前进行，一天之中，傍晚移栽最好，经过一夜缓苗，根系能较快地恢复吸水能力，避免凋萎，而早晨和上午均不适合移栽。移栽之前，对苗床及栽植地均应事先浇足水，待表土略干后再起苗。移植穴要比移植苗根系稍大些，保证根系舒展。栽植深度应与原种植深度一致或稍深 1～2 厘米。栽植时要分清品种，分级规格大小，避免混杂。栽植之后要将苗根周围的土壤按实，并及时浇透水。小苗宜喷壶浇水，大苗宜漫灌，幼嫩小苗还应适当遮阳。

（三）假植

起苗分级后，如不立即定植或运走，应把苗木集中起来，埋藏在湿润的土壤中，称为假植。假植在绿化苗木中用的比较多。时间较短的假植称为临时假植。临时假植选择避风阴湿、排水良好、便于管理的地方，把苗木的根系和茎的下部用湿润的土壤埋好、踩实。若秋后起苗后当年不定植，需要假植越冬的，称为长期假植。长期假植应开掘假植沟，沟东西向，沟深视苗木大小而定，沟一边成 45°斜坡，将苗木单株或扎成小捆摆在假植沟中，苗梢朝南、壅土踏实，然后再放第二行，直到苗木放完为止。苗根较干时，应将苗根用水浸一昼夜后再假植。假植应掌握"疏排、深埋、踩实"的原则。面积较大的假植地要分区、分树种、定数量（每一定数量做一标记），并在地头插标牌，注明树种、苗龄、数量、假植时间等。假植期间要经常检查，发现覆土下沉时要及时培土。春季化冻前要清除积雪。早春如苗木不能及时栽植，为抑制苗木萌发，可进行遮阳。

三、灌水与施肥

(一) 灌水

露地花卉的灌水因花卉种类、土质以及季节而异。一般春夏两季干旱时期，气温较高，空气干燥，水分蒸发量也大，宜增加灌水量和灌水次数。秋季或雨季，雨量稍多，应减少灌水量，以防苗株徒长，降低防寒能力。就土质而言，黏土灌水次数宜少，沙土灌水次数宜多些。根据花卉的种类不同灌水量也不同，一、二年生花卉与球根花卉根系浅，灌水宜少量多次，渗入土层的深度30～35厘米为适宜。宿根花卉、木本花卉根系分布较深，则灌水量宜多，而次数宜少，灌水渗入土层45厘米左右即可满足其生长需要，灌水时切忌"拦腰水"。灌水时间一般选择水温与土温最接近的时间进行。夏季高温季节，宜在清晨或傍晚灌水，对花卉的根系有保护作用。入冬以前应对花圃或园林中的露地花卉彻底冬灌一次，这样可以防止根系受冻。

(二) 施肥

1. 基肥　在翻耕土地之前，均匀地撒施于地表，通过翻耕整地使之与土壤混合，或是栽植之前，将肥料施于穴底，使之与坑土混合，这种施肥方式称为基肥。基肥多以堆肥、厩肥、人粪尿、饼肥、鸡鸭粪、腐殖酸肥等有机肥或颗粒状的无机复合肥为主。一般施用量为每平方米3.5～4.5千克，有机肥应充分腐熟后施用。

2. 追肥　为补充基肥中某些营养成分的不足，满足花卉不同生育时期对营养成分的需求而追施的肥料，称为追肥。在花卉的生长期内需分数次进行追肥。一般当花卉发芽后施第一次追肥，促进枝叶繁茂；开花之前，施第二次追肥，以促进开花；多年生花卉在花后施第三次追肥，补充花期对养分的消耗。追肥常用无机肥或经腐熟后的饼肥的稀释液。

追肥方法常采用沟施、穴施、环状施或结合灌水施等。沟施即在花卉植株的行间挖浅沟，将肥料施放其内，覆土后浇水。穴施即在植株旁侧、根系分布区内挖穴，施放肥料后覆土浇水。环状施指在植株周围挖环状沟，施入肥料，覆土后浇水。

3. 根外追肥　即将液态肥喷洒于叶面及叶背，营养成分通过气孔被吸收到植株体内。应注意，根外追肥宜使用无机肥，且所用肥液的浓度不可过高，应控制在0.3%～0.05%。尿素、磷酸二氢钾、微肥等常被用于根外追肥。

四、中耕除草

在阵雨或大量灌水后以及土壤板结时，应予中耕。通过中耕可切断土壤表面的毛细管，减少水分蒸发；可使表土中孔隙增加，多含空气；并可促进土壤中养分分解，有利于根对水分、养分的利用。在苗株基部应浅耕，株行距中可略深。

除草的原则是除早、除小、除了。除草方式有多种，可用手锄和机械耕等。近年多施用化学除草剂，如使用得当，可省工、省时。但要注意安全，应正确选择除草剂，避免产生药害。

五、花木修剪

(一) 花木冬季修剪措施

花木的修剪一年四季都可以进行,但主要在冬季修剪,时间范围是从秋末枝条停止生长开始,到翌年早春顶芽萌发前为止。修剪的重点是根据不同种类花木的生长特性进行疏枝和短截。

1. **疏枝**　是指疏除密生枝、交叉枝、徒长枝、纤弱枝、病虫枝及枯枝等,以利于通风透光,减少病虫害的发生。疏枝操作适于所有花木的冬季修剪。疏枝方法见图 2-13。

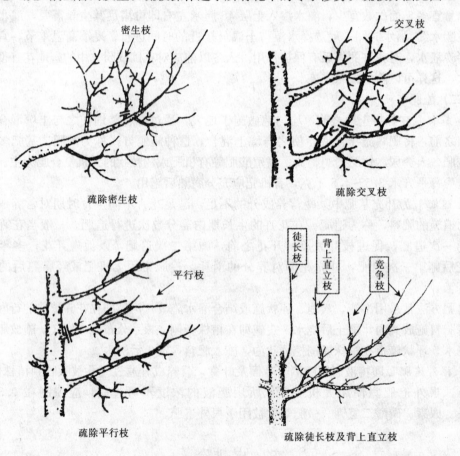

图 2-13　疏　枝

2. **短截**　是将枝条的一部分剪短,促使其萌发侧枝,调整长势,使树冠分布均匀,树形优美,有利于多开花、多结果。短截的方法见图 2-14。凡是在当年生枝条上开花的花木,如月季、扶桑、茉莉、夜来香、紫薇、木芙蓉等,均应在冬季重短截。

3. **剪口的留取**　修剪时,剪口要平滑,剪口应在侧芽上方 1 厘米左右处为宜 (图 2-15)。若剪口离侧芽太近,往往会伤害芽内的茎叶原始体,芽也易风干;若剪口离侧芽太远,又会留下残桩,影响美观。修剪时还应注意剪口下的侧芽应留在枝条的外侧,让新生

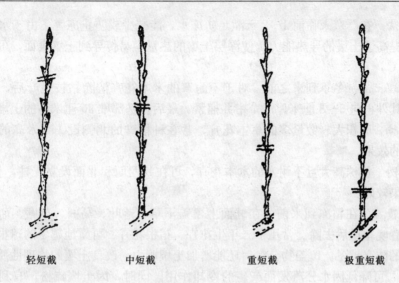

轻短截 中短截 重短截 极重短截

图 2-14 短 截

枝条向外生长，这样可以使树形优美。

（二）不同种类花木的修剪措施

修剪时要因种类不同而采取不同的修剪措施，也就是要充分了解植物的开花习性。

凡是在春季开花的花木，如梅花、碧桃、连翘、迎春、丁香、海棠、紫荆等，花芽都是在前一年生的枝条上形成的。因此，冬季不能重剪，只能疏除无花芽的秋梢。如果在冬季修剪过重，就会把带有花芽的枝条剪掉，影响第二年开花。这类花木通常在花后修剪，以使其及早萌发新枝，为次年开花作准备。

凡是在当年生枝条上开花的花木，如月季、扶桑、茉莉、夜来香、紫薇、木芙蓉等，应在冬季重剪，促其第二年多萌发新梢、多开花、多结果。

对于观叶花木，应根据冬季气温来决定修剪的时间。如果气温较低，则应在入室前修剪，以便缩小冠幅，减少占地面积；如果气温较高，应在翌年出室时修剪，以免刺激腋芽在冬季萌发而抽生新梢，消耗营养。

图 2-15 剪口的留取

对于萌发力较弱的花木，如松柏类，重剪后很难恢复，一般不修剪。藤本花木一般不需要修剪，只剪除过老枝和密生弱枝即可。白玉兰、樱花、鸡爪槭等树形优美的花木，也不做大的修剪。

六、越冬防寒措施

越冬防寒是对耐寒能力较差的花木实行的一项保护措施。防寒措施很多，常用的有以下几种：

1. 灌水法　在严寒来临前1～2天灌足防冻水，能减少或防止冻害。由于水的热容量大，灌水后提高了土壤的导热能力，使深层土壤的热量容易传导到土壤表面，可提高地面温度2～2.5℃。

2. 包草埋土法　冬季到来之前，对于不耐寒的木本花卉清除枯枝烂叶后，用草绳将枝条捆拢，其外再包5～8厘米厚的草帘并捆紧，最后在基部堆20厘米高的土堆并压实。

3. 设风障　面积大、数量多的草本花卉，常在种植畦的北侧设1.8米高的风障，具有防风保温的效果。

4. 设席圈　植株高大且不耐寒的木本花卉，可在其西面和北面设立支柱，柱外围席，防风御寒效果较好。

5. 地面覆盖　在霜冻到来前，在畦面上覆盖干草、落叶、马粪、草席、蒲席、薄膜等，直到翌春晚霜过后去除。常用于二年生花卉、宿根花卉、可露地越冬的球根花卉和木本植物幼苗的防寒越冬。覆盖物分解后还能增加土壤肥力，改良土壤的物理性质。

6. 浅耕　可降低因水分蒸发而产生的冷却作用。同时，因土壤疏松，有利于太阳辐射热的导入，对保温和增温有一定效果。

第三节　盆花生产基本技能

一、花卉上盆、换盆与转盆

（一）花盆的种类

1. 生产用盆　主要有泥瓦盆和塑料盆两种。泥瓦盆质地粗糙，排水透气性好，适于花卉生长，且价格低廉。目前，一些花卉生产还在应用。塑料盆质轻而坚固耐用，运输方便，非常适于花卉的商品生产，是国外大规模花卉生产常用的容器。目前，我国也大量用于花卉的生产和陈设装饰中。塑料盆的缺点是排水、透气性不良，使用时应注意培养土的物理性质，使之疏通透气。

2. 观赏及陈设用盆　主要有陶瓷盆和紫砂盆等。陶瓷盆质地细腻，外形美观，适宜室内装饰，但透气性差，对花卉生长不利，一般多作套盆或短期观赏使用。紫砂盆是我国独有的工艺产品，驰名中外。既精制美观，又有微弱的通气性，多用来养护室内名贵的中小型盆花或栽植树桩盆景用。

（二）上盆与换盆操作

1. 上盆

（1）首先要根据幼苗的大小选择适当的花盆。以花盆盆口直径与幼苗枝叶的冠径大体相等即可，切勿一味追求大盆。盆过大，浇水不容易见干，特别在低温或冬季室内养护阶段，易引起根系腐烂。另外，盆过大，占地过多，浪费室内的使用面积。

（2）对花盆进行处理。如使用旧花盆，应先将盆壁和盆底部的泥土和苔藓洗涤干净，晾干后再用；若为新盆，应先行浸泡，以淋溶盐类，否则，会灼伤幼苗根系。

（3）上盆的操作步骤。先在盆底排水孔处垫置瓦片或窗纱以防盆土漏出并利于排水，再加少量粗培养土，将花卉根部向四周展开置于土中，向四周加土至盆缘，保留3～5厘米的空距，以便日后浇水施肥（图 2-13）。填土后，将花盆提起在地上敦实，切勿用手按压，以免伤害根系。栽完后浇透水，在阴凉处缓苗，恢复生长后再进行正常养护管理。

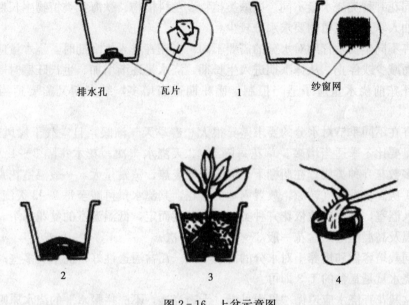

排水孔　　　瓦片　　　1　　　　　纱窗网

图 2-16　上盆示意图
1. 用瓦片或窗纱垫盖排水孔　2. 垫排水层　3. 栽植　4. 浇水

2. 换盆　换盆时先用左手托住盆株使花盆倾斜，右手轻磕盆边，然后将盆倒置，用腾出的右手拇指通过排水孔下按，土球即可脱落。对根系进行适当的修剪，除去老残冗根，刺激其多发新根，随即栽入较大的盆中。

换盆时注意：①应按植株发育的大小逐渐换到较大的盆中。②根据植物种类确定换盆的时间和次数。当发现有根自排水孔伸出或自边缘向上生长时，应及时换盆。多年生盆栽花卉换盆于休眠期进行，生长期最好不换盆，一般每年换一次。一、二年生草花可随时进行，并依生长情况进行多次，每次花盆加大一号。③换盆的盆土应干湿适度，以捏之成团、触之即散为宜。上足盆土后，沿盆边按实，以防灌水后下漏。④换盆后应立即浇水，第一次必须浇透，以后浇水不宜过多，尤其是根部修剪较多时，吸水能力减弱，水分过多易使根系腐烂，待新根长出后再逐渐增加灌水量。

3. 转盆　转盆的目的是为了使植株生长匀称、端正，保持株形美观。生长快的植株，如天竺葵、瓜叶菊、倒挂金钟、君子兰等，需每隔 7～10 天转盆一次，生长缓慢的植株 15 天左右转一次即可。

二、浇水与施肥

（一）浇水

1. 浇水原则及注意事项　花卉生长的好坏，在一定程度上决定于浇水的适宜与否。

其关键环节是如何综合自然气象因子、温室花卉的种类、生长发育状况、生长发育阶段、温室的具体环境条件以及花盆大小和培养土成分等各项因素，科学地确定浇水次数、浇水时间和浇水量。现摘要说明如下：

（1）不同花卉种类浇水量不同　如蕨类植物、兰科植物、秋海棠类植物生长期要求充足的水分，仙人掌及多浆植物要求水分较少。

（2）花卉不同生长发育期对水分的需要不同　当花卉进入休眠期时，浇水量应依花卉种类的不同而减少或停止。从休眠期进入生长期，浇水量逐渐增加。生长旺盛时期，浇水量要充足。开花前浇水量应予适当控制，盛花期适当增多，结实期又需要适当减少浇水量。

（3）花卉在不同季节对水分的要求差异很大　春季天气渐暖，且空气干燥风速很大，此时的浇水量要比冬季适当增多。草花每隔1～2天浇水1次；花木每隔3～4天浇水1次。夏季大多数花卉种类放置在荫棚下，但因天气炎热，蒸发量大，一般温室花卉宜每天早晚各浇水1次。秋季天气转凉，放置露地的盆花，其浇水量可减至每2～3天浇水1次。冬季盆花移入温室，浇水次数依花卉种类及温室温度而定，低温温室的盆花每7～10天浇水1次；中温及高温温室的盆花一般3～5天浇水1次。

（4）不同栽培容器和培养土对水分的需求不同　瓦盆通透性好，浇水要多些；塑料盆保水力强，浇水量是瓦盆的1/3即可。

总之，盆栽花卉浇水应遵循"见干见湿，干透浇透，不浇拦腰水"的浇水原则。

2. 特殊的水分管理方式　如找水、扣水、压清水、放水等。找水是指在盆花的日常管理中，对个别缺水的植株要单独浇水。放水是在生长旺盛季节要结合施肥加大浇水量，以满足枝叶生长的需要。扣水多用在蹲苗期、花芽分化前和入温室前后，对植株暂停浇水，进行干旱锻炼。压清水是盆栽植物施肥后的浇水，要求水量大且要浇透，使局部过浓的土壤溶液得到稀释，不至于出现烧根现象。

（二）施肥

1. 施肥原则及注意事项

（1）盆花的施肥应根据花卉的种类、观赏目的以及花卉的不同发育阶段来灵活掌握。如苗期需要氮肥较多，花芽分化和孕蕾期则需要较多的磷肥和钾肥。观叶类花卉不能缺氮，观茎类花卉不能缺钾，观花、观果类花卉不能缺磷，酸性土花卉则必须供应可给态的铁等。

（2）施用有机肥时必须充分腐熟，否则会在盆土内腐熟分解，放出大量的热量和氨气等有害气体，不但会伤害根系，还有碍陈设和卫生。

（3）施肥的浓度不宜过大，以薄肥勤施为原则。有机肥的施用浓度不要超过5%，化肥的浓度不宜超过0.2%。过磷酸钙的有效成分较低，施用浓度可达1%。

（4）施肥应在晴天的傍晚进行。施肥后的头几天浇水量不宜太大，但要浇透，并避免将肥液滴在叶片或花朵上。

2. 施肥方法　基肥主要以饼肥、牛粪、鸡粪等为主，在春季出温室后结合翻盆换土施入，基肥施入量不要超过盆土总量的20%，并与培养土混合均匀。追肥通常以沤制好的饼肥、油渣为主，也可用化肥或微量元素追施或叶面喷施。追肥在生长旺季和花芽分化期至孕蕾阶段进行，根据植株大小、着花部位的多少及耐肥力的强弱，每隔 6～15 天追施一次，以薄肥勤施为原则。

一、二年生花卉需一定量的氮肥和磷、钾肥。宿根花卉和花木类，根据开花次数进行施肥。一年多次开花的月季花、香石竹等，花前花后应施重肥，喜肥的花卉如大岩桐，每次灌水应酌加少量肥料，生长缓慢的花卉施肥两周一次即可。球根花卉如百合类、郁金香等喜肥，特别宜多施钾肥。观叶植物在生长季中以施氮肥为主，每隔 6～15 天追肥一次。

三、整形与修剪

（一）整形方式

盆花常见的整形方式有以下几种：

1. 单干式　保留 1 个主枝，不留侧枝，使枝端只开一朵花。因将所有的侧蕾全部摘除，使养分集中供应顶花蕾，故能充分表现品种的特性。此整形方式多用于菊花、大丽花等。

2. 多干式　保留 3～7 个主枝，其余侧枝全部摘除，使其开出多朵花。菊花的三本菊、五本菊、七本菊等造型属于此类，大丽花中也常见多干式造型。

3. 丛生式　生长期间通过多次摘心，促其发生多个侧枝，全株呈低矮丛生状，并开出多朵花。大部分一、二年生花卉均属此种造型，如矮牵牛、一串红、美女樱、四季秋海棠、藿香蓟等。

4. 攀缘式　多用于藤本花卉或枝条较柔软的花卉的整形。利用其攀缘特性，将其引缚在具有一定造型的支架上，造型别致，极富装饰性。如鹅掌柴、红宝石（绿宝石）喜林芋、羽叶茑萝、牵牛花、旱金莲等。

5. 匍匐式　利用一些花卉不能直立生长的特性，使其自然匍匐于地面或垂于花盆的四周。如鸭趾草、天门冬、吊竹梅、蟹爪兰、吊兰等适于垂吊式装饰。

（二）修剪技术措施

1. 摘心　摘除主枝或侧枝上的顶芽，有时还需将生长点部分连同顶端的几片嫩叶一同摘掉（图 2-17）。摘心能抑制植株的高生长，使树冠低矮、紧凑、丰满，还能控制（推迟）花期或促进第二次开花。草本花卉中的一串红、国庆菊、荷兰菊、菊花、大丽花等常用。

2. 抹芽　即抹去重叠芽、过密的芽及方向不当的芽。抹芽应尽早在芽还未膨大时进行，以免消耗营养。此措施在菊花、大丽花、月季等花卉上常用。

3. 去蕾　通常是剥去侧蕾而保留顶蕾（图 2-18），以使顶蕾花大色艳，如芍药、大丽花、菊花等常用此法。在观果植物栽培中，有时挂果过密，为使果实生长良好，调节营养生长与生殖生长之间的关系，也需摘除一部分果实。

图 2-17　摘　心

4. 修枝　在盆栽花木的日常管理中，要及时剪除枯枝、病枝、位置不当而扰乱树形的枝及开花后的残枝等，以改善植株通风透光条件，减少养分的消耗。

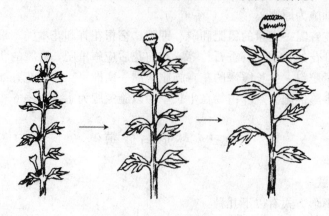

图 2-18　去侧蕾

第四节　温室的使用与保养

一、温室的功能和作用

温室是花卉栽培中最重要，也是应用最广泛的栽培设备，与其他栽培设备相比，对环境因子的调节和控制能力更强、更全面，是比较完善的保护地类型。尤其是现代温室的高度智能化，使花卉生产效率提高了数十倍。温室在花卉生产中的主要作用有以下几个方面：一是在不适合植物生态要求的季节，创造出适于植物生长发育的环境条件来栽培花卉，以达到花卉的反季节生产；二是在不适合植物生态要求的地区，利用温室创造的条件栽培各种类型的花卉，以满足人们的需求；三是利用温室可以对花卉进行高度集中栽培，实行高肥密植，以提高单位面积产量和质量，节省开支，降低成本。

二、温室的日常维护

1. 骨架结构的维护　温室建筑的维护主要是骨架结构的维护，主体骨架一旦出现问题，整栋温室都不能正常运行，甚至出现坍塌，即使一些微小的变形，对配套设施如拉幕系统、开窗系统等的正常运行也极为不利，所以主体骨架的维护至关重要。一般以一年为周期，应该对骨架进行一次全面的维护保养，检查重点是骨架有无生锈、是否发生变形、紧固螺栓有无松动、各连接部位是否牢固等，发现问题要及时修理。

2. 覆盖材料的维护　对于覆盖材料来说，主要是要提高防碎裂和抗老化能力，能抵抗风吹日晒，达到透光保温的目的。所以，要做好加固措施，一旦发现破漏应及时修补。长期使用的塑料大棚，薄膜会沾上灰尘，使透光率大大降低。因此，应根据各地区的污染情况，定期对大棚薄膜进行清洗，保持光线的透射能力。特别是越冬的塑料大棚，早春低温时此项工作十分重要。清洗薄膜的时间应在晴天的中午和下午气温较高时进行。

3. **其他配套设备的维护**　如定期检测锅炉设备中所有的混合阀、压力泵、出水口、锅炉水等，每年做一次高压水的测试以确保安全装置的清洁。定期进行加热系统以及各种装置的清洁、传感器进行校准等。此外，不论温室中的设备是否先进，一定要做到经常检查电路的连接情况。

三、温室空间的合理安排和利用

1. **提高温室空间利用率的途径**

(1) **平面上的合理利用**　即要安排好一年中花卉生产的倒茬、轮作计划。当一种花卉出圃后，应用另一种花卉及时将空出的温室面积使用上，不使其空闲。

(2) **立面上的合理利用**　在较高的温室中，可采取立体生产或立体布置，如把下垂植物或体型较小、重量较轻的盆花悬挂起来栽培；低矮的温室，可把下垂的蔓性花卉如吊兰等花卉放在植物台的边缘；在单屋面温室中，可利用级台，在台下放置一些耐阴湿的花卉。

2. **盆花在温室中的合理放置**　在一间温室同时栽培多种花卉时，可利用同一个温室中各个部位微气候的略微差别，结合不同盆花的习性来摆放。温室各部位的温度不一致，门口附近和靠近侧窗的地方温度变化大，中部较稳定，近热源处温度高。因此，应把喜温花卉放在近热源处，把比较耐寒的强健花卉放在近门及近侧窗部位。温室各部位的光照情况也不尽相同，应把喜光的花卉放到光线充足的温室前部和中部，尽可能接近采光屋面（若温室配有级台则更好），而耐阴的和对光线要求不严格的花卉放在温室的后部或半阴处。在进行盆花排列时，要使植株互不遮光或少遮光，把矮的植株放在前面，高的放在后面。花卉在不同生长发育阶段，对于光照、温度、湿度等条件有不同的要求，应相应地移动位置或转换温室。休眠的植株对光照、温度要求不严格，放置密度可以加大，随着植株生长、株幅不断扩大，应给予较大的空间。

四、温室环境的调节

(一) 温度的调节

温室温度的高低，主要是加温（包括日光辐射热加温和人工加温）、通风和遮阳的综合结果。通常在北方严寒季节，冬季除了充分利用日光以增加温度外，尚须人为加温。低温温室通常只在最冷的天气，室温降至近0℃时，才进行加温。中温温室从11月开始，高温温室从10月中旬开始，每天自午后5时开始加温。各类温室从10月底至次年5月初，每天午后5时左右覆盖草苫，次晨8时半至9时揭开。

夏季天气炎热，室内温度很高，一般盆花均需移置室外，在荫棚下栽培。大型工厂化生产如切花生产，夏季也在室内进行，除用开窗通风降温外，还用遮阳、淋水或采用机械降温等降温措施，使室温降至30℃以下。

(二) 光照的调节

遮阳是调节光照强度唯一的方法，兼有调节温度的效果。温室遮阳的方法有室内遮阳和室外遮阳两种，遮阳材料有苇帘、黑色遮阳网、银色遮阳网和缀铝条遮阳网等。

室外遮阳是在温室骨架外另安装一遮阳骨架，将遮阳网安装在骨架上。遮阳网可以通过自动装置自由开闭来调节遮阳度。室内遮阳是将遮阳网安装在室内，一般采用电动控制。光照调节时根据花卉种类和季节的不同来调节遮阳度。多浆植物要求充分的光照，通常不需要遮阳。喜阴花卉如兰花、秋海棠类花卉及蕨类植物等，必须适度遮阳。夏季光照强度远比冬季强，故遮阳的程度也比冬季大。遮阳时间一般在上午9时至下午4时，若遇阴雨天，则不需遮阳。最喜阴的一些蕨类植物，在夏季更要求遮去全部直射光线。一般温室花卉，夏季要求遮去日光30%～50%，而在冬季需要充足的日光，不需遮阳，春、秋两季则应遮去中午前后的强烈光线，晨夕予以充分光照。

（三）湿度的调节

湿度（主要指空气相对湿度）的调节包括两个方面，即增加湿度和降低湿度。为了满足一般花卉对于湿度的要求，可在室内的地面上、植物台上及盆壁上洒水，以增加水分的蒸发量。对于要求较高空气湿度的热带植物，如热带兰、红掌、蕨类植物、食虫植物等最好能设置人工或自动喷雾装置，自动调节湿度。

在冬季利用暖气装置的回水管，通过室内的水池，可以促进水池中水分的蒸发，达到提高室内空气湿度的目的。温室湿度过大时，对花卉生长也不利，可以采取通风的方法来降低湿度。通风应在冬季晴天的中午，适当打开侧窗，使空气流通，但最忌寒冷的空气直接吹向植株。

第五节　花卉常见病虫害的识别与防治

一、花卉常见病害的识别

（一）花卉常见病害的类型

花卉病害，一般分为生理病害（非侵染性病害）和寄生性病害（侵染性病害）两类。

1. 生理病害　主要是由于气候和土壤等条件不适宜引起的。常发生的生理病害有夏季强光照射引起灼伤，冬季低温造成冻害，水分过多导致烂根，水分不足引起叶片焦边、萎蔫，土壤中缺乏某些营养元素而出现缺素症等。

2. 寄生性病害　是由真菌、细菌、病毒、线虫等侵染花卉引起的。这些生物形态各异，但大多具有寄生力和致病力，并具有较强的繁殖力，能从感病植株通过各种途径（气孔、伤口、昆虫、风、雨等）传播到健康植株上去，扩大蔓延。因此，这类病害对花卉造成的危害最大。

（二）花卉常见病害的识别步骤和方法

花卉生病后其外表的不正常表现叫症状，花卉本身的不正常表现叫病状，长在植株病部的病原物结构称病征，花卉病害都具有病状。

1. 生理病害的识别方法　一般表现为均匀发生，受害花卉除日灼或喷药不当引起的局部病变外，大多表现为全株性发病，如杜鹃黄化病、桃缺素症等。生理病害植株产生的症状只有病状而没有病征。

缺氮：叶色淡绿，严重时呈黄色，花、果实发育迟缓。

缺磷：植株矮小，叶色深绿或紫红，有的发生黄斑。

缺钾：植株矮小，枝条细弱变短，叶片褐色，老叶深黄色，边缘形似灼伤的褐色。

缺钙：幼叶有斑点，叶缘白化，根叶的皮层裂开、脱离，植株早衰。

缺铁：幼叶黄绿，逐渐白化。

缺硼：幼叶枯死，顶部发生很多异常小叶。老叶失去光泽，产生焦枯斑点，根先端变黑褐色等。

较大范围内发生的生理病害，需进行环境条件调查，因为这类病害是由土壤、肥料、气象等条件不适宜或接触化学毒物、有毒气体所致。遇上这种情况，不能单凭症状和现场发病情况来判断，必须对环境条件做调查和综合分析，最后方能确定致病原因。

2. 寄生性病害的识别方法

（1）真菌病害　一般情况下在病组织的表面能产生一定的病征，由此可识别出真菌所引起的病害。常见的病征即病原物有粉状物、霉状物、粒状物、锈状物等。真菌病害主要借助风、雨、昆虫或花卉的种苗传播，通过花卉植物表皮的气孔、皮孔等自然孔口和各种伤口侵入体内，也可直接侵入无伤表皮。常见的有月季黑斑病、白粉病，菊花褐斑病，芍药红斑病，兰花炭疽病，玫瑰锈病，花卉幼苗立枯病等。

（2）细菌病害　通常在潮湿情况下，病部能见到液滴状或一圈薄薄的脓状物，呈乳白色或黄褐色。干涸时成小珠状或带亮的薄膜或不定型粒状，这是细菌的溢脓，是细菌病害的典型病征。细菌病害一般借助雨水、流水、昆虫、土壤、花卉的种苗和病株残体等传播。常见的细菌病害有樱花细菌性根癌病，碧桃细菌性穿孔病，鸢尾、仙客来细菌性软腐病等。

（3）病毒病害　病征不明显，但病状（寄主自身染病后反映的特征）很明显，如花叶、花瓣碎色、畸形等症状。病毒主要通过刺吸式昆虫和嫁接、机械损伤等途径传播，甚至在修剪、切花、锄草时，手和园艺工具上沾染的病毒汁液，都能起到传播作用。常见的有郁金香病毒病、仙客来病毒病、一串红花叶病毒病及大丽花病毒病等。

（4）线虫病害　线虫是一种低等动物，其口腔中有一矛状吻针，用以刺破植物细胞吸取汁液。土壤中的线虫，有些寄生在花木根部，使根系上长出小的瘤状结节，有的引起根部腐烂。常见的有仙客来、凤仙花、牡丹、月季等花木的根结线虫病。有的线虫寄生在花卉叶片上，引起特有的三角形褐色枯斑，最后叶枯下垂，如菊花、珠兰的叶枯线虫病。

寄生性病害在较大面积发生时，通常呈分散状分布，具备明显的由点到面、由一个发病中心逐渐向四周扩展的特征，有的病害还与媒介昆虫有关。

二、花卉常见病害的防治措施

1. 真菌病害

（1）白粉病、炭疽病、黑斑病、褐斑病、叶斑病、灰霉病等病害　一是早春或深秋清除枯枝落叶并及时剪除病枝、病叶烧毁；二是发病前喷洒 65％代森锌 600 倍液保护；三是合理施肥与浇水，注意通风透光；四是发病初期喷洒 50％多菌灵或 50％硫菌灵 500～600 倍液，或 75％百菌清 600～800 倍液。

（2）锈病　锈病菌是专性寄生菌，病灶呈红褐色斑点，常为害草本花卉及松柏、月季花等。可用 20％三唑酮乳油 2 000 倍液喷雾防治。

（3）猝倒病、根腐病　一是土壤消毒，用 1％福尔马林处理土壤或将培养土放锅内蒸 1 小时；二是浇水要见干见湿，避免积水；三是发病初期用 50％代森铵 300～400 倍液浇灌根际，用药液 2～4 千克/米^2。可在发病初期喷 50％克菌丹 500 倍液或 75％百菌清 800 倍液进行防治。

2. 细菌病害

（1）软腐病或称腐烂病　一是贮藏地点要用 1％福尔马林液消毒，并注意通风、干燥；二是实行轮作，盆栽最好每年换 1 次新的培养土；三是及时防治害虫，从早春开始注意选用辛硫磷等农药防治地下害虫；四是发病后及时用敌磺钠 600～800 倍液浇灌病株根际土壤。

（2）根癌病　一是栽种时选用无病苗木，或实行轮作，或用五氯硝基苯处理土壤，每平方米用 70％粉剂 6～8 克拌细土 0.5 千克翻入土中；二是发病后立即切除病瘤，并用 0.1％汞水消毒。

（3）细菌性穿孔病　一是发病前喷 65％代森锌 600 倍液预防；二是及时清除受害部位并销毁；三是发病初期喷 50％胂·锌·福美双 800～1 000 倍液。

3. 病毒病害　常见的有郁金香病毒病、仙客来病毒病、一串红花叶病毒病及菊花、大丽花病毒病等。防治病毒病更需以预防为主，综合防治。

防治的主要措施有：选择耐病和抗病优良品种，是防治病毒病的根本途径；严格挑选无毒繁殖材料，如块根、块茎、鳞茎、种子、幼苗、插穗、接穗、砧木等；铲除杂草，减少病毒侵染源；适期喷洒 40％乐果乳剂 1 000～1 500 倍液，消灭蚜虫、粉虱等传毒昆虫；发现病株及时拔除并烧毁，接触过病株的手和工具要用肥皂水洗净，预防人为的接触传播；温热处理，如一般种子可用 50～55℃温汤浸 10～15 分钟；加强栽培管理，注意通风透光，合理施肥与浇水，促进花卉生长健壮，可减轻病毒病为害。

4. 线虫病害

（1）实行轮作　这是一项十分有效的防治措施。

（2）改善栽培条件　伏天翻晒几次土壤，可消灭大量病原线虫；清除病株、病残体及野生寄主；合理施肥、浇水，使植株生长健壮。

（3）土壤消毒　培养土用热气熏蒸约 2 小时。

（4）热水处理　把带病的繁殖材料浸泡在热水中（水温 50℃时浸泡 10 分钟，水温 55℃时浸泡 5 分钟），可杀死线虫而不伤寄主。

（5）药物防治　用 3％呋喃丹颗粒剂（此药为剧毒药，使用时一定要注意安全）约 25 克/米^2，将其均匀施入土中，覆土厚度约 10 厘米，浇透水，有效期长达 45 天左右，且能兼治多种其他害虫，如蚜虫、红蜘蛛、介壳虫、地下害虫等。

三、花卉常见虫害的识别及防治措施

1. 红蜘蛛 虫体小，肉眼难以分辨，多呈聚生，且繁殖速度极快。危害的植物很多，如月季、玫瑰、樱花、杜鹃等。防治方法有：发生初期喷布爱福丁 1 000 倍液或克螨特 1 000～1 500 倍液，喷药时要周到。夏季高温时，繁殖较快，连续喷 3～4 次，间隔 7 天左右，轮换使用农药以免产生抗药性。

2. 蚜虫 种类多、繁殖速度快。随着早春气温上升，受害叶片不能正常展叶，新梢无法生长并常诱发烟煤病，传染病毒病等。防治方法有：发芽时喷芽净 800 倍液，杀死幼蚜；用 3% 天然除虫菊酯、2.5% 鱼藤精 800～1 200 倍液或 40% 乐果乳剂 800～1 000 倍液，效果均好。注意保护瓢虫等天敌。

3. 介壳虫 种类多，为花木害虫之最。其虫体被一角质的甲壳包裹着，如用药物对它直接喷洒，不会见效。防治方法：用手捏死或用小刀刮除叶片和枝干上的害虫，在幼虫期喷洒蚧杀净 1 000 倍液 1～2 次，隔 7～10 天 1 次。

4. 蛴螬 为金龟子类幼虫，身体圆筒形、白色，常呈 C 形蜷曲。分布广，食性杂，为害花卉幼苗根及根颈部。防治方法：可用氧化乐果或敌敌畏乳油 500～800 倍液、25% 西维因 200 倍液、50% 辛硫磷乳剂 1 000～1 500 倍液或磷胺乳油 1 500～2 000 倍液浇灌根际，效果较好。

5. 蛞蝓 软体动物，杂食性，刮食花卉叶片。多生于阴暗潮湿场所，畏光怕热，阴雨后为害严重。防治方法：可向地面或花盆内撒施石灰，将氨水稀释成 70～100 倍液喷射毒杀。

6. 蜗牛 喜阴湿，昼夜活动为害花卉，用齿舌刮食叶、茎，严重时咬断幼苗。防治方法：可用 1∶15 茶子饼水或撒 8% 灭蜗灵于花卉根际，效果较好。

第三章　中级花卉园艺工技能知识

第一节　花卉种子的品质检验

为了了解种子发芽力，确定播种量和苗木密度，一般播种前要对种子进行品质检验，检验的内容主要包括种子的品种品质和播种品质两方面。

1. 品种品质的检验　种子的品种品质是指种子的真实性和品种纯度。品种不纯，会造成花色、花型、花期早晚、株高等性状的不一致，不但为栽培管理带来困难，更影响产品质量及使用效果。品种纯度的检验方法是用本品种种子数或植株数占供试样品的百分率表示，它的直观检验法是田间检验，但是室内检验对保证种子质量有重要作用。纯度的检验以该品种稳定的重要质量性状为主要依据，与该品种标准对照进行比较，明确其数量性状的差异。种子的室内鉴定常用种子形态鉴定法，通过比较典型种子与供检样品的形态学和解剖学特征，确定种子纯度。也可用化学鉴定法，用化学试剂处理种子，使不同品种类型表现出明显的区别，从而鉴定品种纯度和真实性。

2. 播种品质的检验　播种品质的检验是指对种子净度、千粒重、发芽率、发芽势及含水量等项目的测定。

（1）净度　是指除去杂质和废种子后所余下的完好种子重量占供检验样品重量的百分数，好种子应具有较高的净度。大粒以上的种子用 1 千克，中、小粒种子用 50～100 克，重复 3 次，求其平均值。

（2）千粒重　则是指 1 000 粒风干种子的重量。

（3）发芽率　是指将种子放在最适宜的发芽条件下，在规定的天数内发芽的种子数占供试种子的百分率。

（4）发芽势　为发芽初期比较集中的发芽率，发芽势决定着出苗的整齐程度，发芽势高，出苗整齐，幼苗生长一致，反之幼苗生长不齐。中粒以上种子用 50 粒测定，小粒种子用 100 粒测定，重复 3 次，求其平均值，种子取样必须是随机的。

发芽率和发芽势是确定种子使用价值和估计田间出苗率的主要依据。

第二节　花坛花卉的种苗生产

（一）种子的来源

目前，规模化生产所用的种子多由专业供应商提供。专业供应商拥有完备的种子采购系统和种子储存条件，提供的种子一般品质良好、稳定，在生产中得到广泛应用。而自繁种子大多变异度大，高矮不齐、颜色不一，品质较差，一般不能在园林中应用，但文竹、地肤、紫甜菜等少数品种的自繁种子能保持较好的品种特性，尚可应用于生产。

(二) 种苗生产计划

制定花坛用花卉种苗生产计划时要考虑本地区气候特点和花卉使用时间，根据市场需求、季节状况做出生产安排，如华北地区布置国庆节花坛常用的草花的播种期为：一串红4月初（配合摘心）、鸡冠花6月初、万寿菊6月中旬、孔雀草7月上旬、矮翠菊7月20日、美女樱6月中旬等，整个生产过程在露地即可完成。

(三) 种苗生产常用资材

有穴盘、苗床、基质以及水肥等。育苗用水的pH为6.0左右，EC值为0.6毫西/厘米左右，清洁无杂质。基质和水中的肥料只可补助苗的前期生长，常规育苗都需人工施肥。花坛花卉种苗生长期短，要求所施肥料见效快，一般用速效水溶性肥料，常见肥料类型有（N-P-K）20-10-20、10-30-20等。

(四) 种苗生产管理

播种时需注意对基质进行消毒和预湿处理，需覆盖的种子要覆盖均匀，浇水要用育苗专用喷头，第1次浇水要均匀、充分。一般花卉种子的发芽温度保持在25～30℃，瓜叶菊、三色堇、报春花的发芽适温在15～20℃，当温度超过28℃时，种子出芽会受较大影响。种子发芽初期，按照种子发芽的需水特性供水。子叶展开后适当控制水分，促进根系生长，控制胚轴过度伸长。在种苗快速生长阶段，见干见湿，控制种苗生长速度，防止长成高脚苗。种苗施肥应先稀后浓，出圃前应降低施肥浓度。

第三节　切花生产基本技能

一、切花的类型

切花是指从活体植物上剪切下来的新鲜的花、枝、叶、果等体外材料，可用以供室内瓶插水养或制成花束、花篮等各种装饰品。切花的主要类型有：

1. 切花　以植物体的花枝部分为主要的观赏器官。如月季、菊花、唐菖蒲、香石竹、非洲菊、郁金香、火鹤、鹤望兰、百合、马蹄莲、满天星等。

2. 切叶　以植物体的叶片为主要的观赏器官。如散尾葵、苏铁、肾蕨、文竹、天门冬、常春藤、龟背竹、蓬莱松。

3. 切枝　主要指木本花卉的枝，一般多带有花、叶或果。如梅枝、竹枝、松枝、火棘、南天竹等。

二、切花生产常规技能

(一) 整地做畦

切花生产多为地栽。将土壤或基质消毒后整理做畦，畦宽一般为100～110厘米。若地势较高，排水条件良好，或者所种的切花较喜水湿条件，则适宜做成平畦；若地势低洼，地下水位较高，或者所种的切花不耐水湿，喜干爽，则适宜做成高畦，并应结合整地做畦施足基肥。

（二）定植

将预先培育或购入的切花种苗，分批分期进行定植。根据各种不同切花的株形特点，正确掌握定植密度。如香石竹定植密度为每平方米 30～40 株，月季最适宜定植密度为每平方米 9～10 株，菊花定植密度为每平方米 30 株。定植宜选在阴天或晴天的下午进行，定植后及时浇透水。若为晴好天气，还应适当遮阳，以利提高成活率。

（三）张网设支架

定植后，当苗株长到 20 厘米左右时，对茎秆容易倒伏的切花类，要及时张网设支架。如香石竹幼苗容易倒伏，而且侧枝开始生长后，整个株丛就展开（斜生长），因而要及早张网，使茎正常、直立生长。一般用尼龙绳编织的网，网格大小与栽培苗的株行距相等，使每一植株进入合适的网格内。通常张 3～4 层，第一层网距地面约 15 厘米，随着植株的生长，每隔 20 厘米加一层，并经常把茎扰到网格中。这样茎秆便可避免弯曲或倒伏，可提高切花品质。如菊花、百合、小苍兰、唐菖蒲等切花生产时均需要张网设支架。

（四）整形与修剪

切花生产中，为了提高单株产量必须进行整形和修剪。不同种类的切花，其整形和修剪的方法也不同。草本切花类以摘心和剥蕾为主。以香石竹为例，定植 1 个月左右时进行第一次摘心。随后发生数枝侧枝，每株只保留 4 枝侧枝，其余去掉。当一级侧枝长到 20 厘米左右时，再进行第二次摘心，促发第二级侧枝，最后每株保留 8～10 枝侧枝，其余侧枝全部剥除。当茎顶端发生几个花蕾时，只保留顶端一个主蕾（大花品种），其余侧蕾宜尽早摘除，以免消耗养分。这样，便可保证每株香石竹产 8～10 枝高品质切花。木本切花则以修剪和摘蕾为主。以月季为例，冬季休眠期应进行一次强修剪，只保留基部 30～50 厘米，其余枯枝、弱枝、病枝、交叉枝等全部剪除。当新枝生长，先端着蕾时，为保证养分集中供应主花蕾发育，每枝花枝先端只保留 1 个主蕾，其余侧蕾侧枝均应及时摘除。

三、切花的采收、分级和包装

不同种类花卉，其切花采收的最佳时期不同，采收时应区别对待。如唐菖蒲，当花穗最下端 1 朵小花初开，其上 2～3 朵小花已显色时最适宜采收；红色月季，当花蕾含苞待放，萼片已平展而外层花瓣稍显松动时为适宜采收期。

切花分级一般是根据花茎的长度，花朵的直径，花的色泽、新鲜度和健康状况以及预处理情况等将切花分为不同的级别，以表示切花质量的好坏程度。

各种切花都有各自的分级标准，这些标准引导生产者提高种植水平，生产出高质量的切花。销售者也可根据标准合理确定收购、批发及零售价格。因此，切花分级标准可保证花卉市场切花材料统一性和经营的有序性，保护生产者获取公平合理的产品价格。切花产品经分级（有时还要经过一些预处理）后，即可进行包装。切花产品的包装虽不能改进品质和代替冷藏，但良好的包装与贮运结合却能保持产品良好的品质。切花包装的主要作用是保护产品免受机械损伤、水分丧失、环境条件急剧变化和其他有害影响，以便在运输和上市过程中保持产品的质量。除了起保护作用外，包装箱还是一种运输容器，可作为封闭产品和搬动产品的工具。使用低质量的包装来运输高质量、高价值、易腐烂的产品是不符合技术要求的，这将导致产品的损伤、腐烂，使产品质量下降。下面以百合、菊花、郁金香为例介绍切花采收、分级和包装的操作过程。

（一）百合切花的采收、分级和包装

1. 采收期的确定　因采收季节、环境条件、市场远近和百合种类、品种的不同而异。一般情况下，有 3～4 个花蕾的花枝，其中第一个花蕾透色即采；5 个花蕾以上的，要有 2 个花蕾透色再采。若在花序基部第一个花蕾尚未充分透色时采收，则适合远距离运输或贮藏；若花序基部第一个花蕾已充分透色并已显开放状态，第二个花蕾已透色并膨胀，只能就近赶快出售。

2. 采收方法和要求　离地 15 厘米（约 5～6 片叶子）处用利刀切下。采收时桶随人走，茎秆采切后应立即放入盛有干净清水的桶内。根据不同品种，每桶分装 50 支或 75 支，记录品种、规格和数量，不准多装，以防止机械损伤。装花的桶应及时入库，不许在阳光下暴晒。

3. 分级和包装　依花径长短、花苞多少、茎的硬度及叶片和花蕾正常程度分为 1 级、2 级、3 级和等外级 4 个标准。分完级后去掉茎基部 10 厘米范围内的叶片，将同品种、同花蕾数、同一等级、同一枝长的切花按每 10 支 1 扎用橡皮筋在切花基部进行捆扎。捆扎时，切花花蕾头部应对齐一致，基部应尽量剪齐，其长短误差不超过 1～3 厘米。将捆扎好的切花用大小适当的塑料套套上，贴上标签，标签应正贴于塑料套上部距边缘 10 厘米处，以保护花蕾和叶片。把包装完成后的切花，按每 4 扎一小箱装入箱中，花蕾应朝向箱的两头，每扎花的中部应用固定带固定，茎秆与箱体之间的孔隙要用碎纸屑填充。将已装好的小箱以每 6～8 小箱 1 捆或另装一个大箱内，放入冷库贮藏待运。

（二）切花菊的采收、分级和包装

1. 采收期的确定　采收时应根据市场要求及运输远近等确定所采花朵的开放程度。低温季节或现采现售适宜选 7～8 成开，即花蕊初现时采收；采后待售的选 5～6 成开，即花朵外层花瓣开张时采收；在高温季节或需要长途运输的选 3～4 成开时采收。采收的时间以清晨或傍晚为宜，有利于切花保鲜。

2. 采收方法和要求　在离地面 10 厘米以上剪切，过低会因枝干老化不易吸水，影响花朵开放。切花长度应在 50～120 厘米，切口要整齐一致。采收后应去掉下部 1/4～1/3 叶片，用薄膜将花头罩起，尽快放入水中或冷凉处暂放。

3. 分级和包装　按国家主要花卉产品等级标准分级。切花大菊类一级品：花茎长度≥85 厘米，花径≥14 厘米，花颈梗长＜5 厘米，花茎挺直、粗细均匀，花形完整，花色鲜艳具光泽，花瓣均匀对称，叶色亮绿且完好整齐。分级后，每 10 支捆成一扎，再插入 25 毫克/升的硝酸银保鲜液中，置于 0～2℃冷室中预冷，使之充分吸水，花枝健壮后才能装箱上市。

（三）郁金香的采收、分级和包装

1. 采收期的确定　一般的品种是在花苞露色后采收，达尔文杂交系的品种在花苞部分着色时即可采收。采收时间一般选择在早晨 7~8 时或傍晚 5 时左右进行。开花期间，待晚上花朵闭合后再采收。

2. 采收方法和要求 采收切花时，通常是带球采收，收取整株植物，包括其下部鳞茎及根系。带球收获可减少土壤病害传播，花株贮藏时间延长。若高度不够时，还可利用球茎中的 2~3 厘米的茎凑够高度。郁金香切花高度一般为 45~70 厘米。

3. 分级和包装 采收后，先放在 2~3℃ 的冷库中 2 小时，然后根据质量进行分级。包装时，花头朝同一方向捆扎，捆束线在同高处捆束花头，然后剪下鳞茎，使整束花长短一致，要注意避免伤害叶片。一般 10 支为 1 束，5 束为 1 包用报纸包好，放入水中，水温 1~2℃，吸水时间约 24 小时。

在冷库贮存时，竖放、避光以防植株弯曲，贮存时间不应超过 3 天，否则影响花的品质。

第四节 绿地草坪的建植与日常养护管理

一、绿地草坪的建植

绿地草坪的建植大体包括四个环节，即坪床准备，草坪草种选择，种植和种植后的管理。

(一) 坪床准备

首先将建坪地进行清理，清除坪床面 20 厘米以内的树枝、树桩、石块、塑料等妨碍种子出苗和定植的杂物以及杂草。杂草的清除可采取物理方法或化学方法。物理方法即用手工或土壤翻耕机具，在翻挖土壤的同时清除杂草。化学方法一般是使用非选择性除草剂如草甘膦、茅草枯等，在播种前 7~10 天将其喷洒在坪床杂草上。也可以使用土壤熏蒸剂如溴甲烷、棉隆和威百亩等对土壤进行处理，以杀死土壤中的杂草种子、害虫卵及病原菌。

根据设计要求，对坪床进行粗平整，挖掉突起部分和填平低洼部分，此时应注意填土的沉陷问题，同时要使地面有一定的排水坡度，以利草坪建成后的地表排水。如需要，可以设置喷灌系统，在表层土壤以下 50~100 厘米之间挖管沟并埋设管道。

根据场地土壤及肥力状况，施入泥炭、石灰、沙等土壤改良剂和有机肥或高磷、高钾、低氮的复合肥做基肥，而后人工翻耕或用旋耕机进行旋耕，深度在 10~20 厘米之间，以改善土壤的通透性，提高持水能力，并使施在坪床表面的基肥和土壤改良剂与土壤混合均匀。如果旋耕后坪床土壤过于疏松，可进行轻微镇压，再对坪床进行细平整，平滑土表，准备播种。

(二) 草坪草种选择

选择适宜当地气候、土壤条件的草坪草种，是建坪成败的关键。选择建坪草种时，首先要了解当地的气候和土壤条件，确定所用草坪草类型如冷季型草坪草或暖季型草坪草，而后再根据草坪用途、品质要求、建坪成本、管理水平等因素综合考虑，确定最适宜的草坪草种或品种组合。

冷季型草坪草多采用混播方法建坪，即将两种或两种以上的草坪草种子按一定的比例混合播种建坪，如20％多年生黑麦草＋50％草地早熟禾＋30％紫羊茅。混播形成的草坪具有更强的适应性，提高草坪的整体抗逆性，但坪面色泽、质地难以均一。暖季型草坪草由于竞争力强，多采用单播方法建坪，草坪外观均一，但适应能力较差。生产实践中常采用同一草种内的多个品种混合建植草坪，这样形成的草坪外观较均一，对环境的适应能力也有所提高。

（三）种植

冷季型草坪草适宜的播种时间是中春和夏末，暖季型草坪草则在春末和初夏。如果在秋季播种，必须注意给草坪草幼苗在冬季来临前提供充分的生长发育时间。播种量则因种而异，常用草坪草的播种量如表3-1所示。

表3-1　常见草坪草的播种量

草种	单播种量（g/m^2）	
	正常	密度加大
草地早熟禾	10～12	20
多年生黑麦草	20～25	35
高羊茅	25～30	40
紫羊茅	10～12	20
匍匐翦股颖	5～7	10
狗牙根	10～12	15
结缕草	15～20	25

播种建坪时，应在无风情况下进行，不同草种分别播种。可将建坪地块划分成若干个小区，在平行和垂直两个方向上交叉播种，使种子均匀地覆盖在坪床上。播种后轻轻耙平或覆土深0.5～1厘米，而后对坪床进行镇压，保证种子与土壤接触紧密。

草坪播种后，有条件的情况下可用无纺布、稻草等进行覆盖，防止土壤水分的过度蒸发和大雨将种子冲走，造成出苗不均匀。

除了种子直播，也可以采用营养繁殖方法，即采用铺草皮卷、草皮块、撒播匍匐茎等方法来建植草坪。

铺草皮卷建坪成本最高，但适用于所有草坪草，可在一年中任何有效时期铺植，铺草见绿、快速、高效地形成草坪，尤其适用于在短期内投入使用的草坪。在草皮生产基地，以起草皮机将草皮铲起，一般草皮卷长50～150厘米，宽30～150厘米为宜，厚为2厘米左右。高质量的草皮卷应质地均一，无病虫害，无杂草入侵，操作时能牢固地结在一起，铺植后1～2周即能生根，管理省力，主要是在生根前浇透水。草皮卷最好能即起即铺，铺前进行必要的坪床整理，铺后滚压、浇水。

草皮块是由草坪或草皮卷中切取的块状或圆柱状的材料，一般直径5厘米，厚2～5厘米，带土栽植，并注意浇水保湿。主要适用于扩展性强的草坪草种，如钝叶草、地毯草等。

匍匐茎撒播主要用于匍匐茎发达的草坪草如匍匐翦股颖、狗牙根和结缕草等。将具2～4 个茎节的匍匐茎均匀地撒播在湿润的土表，然后覆盖上 1～2 厘米厚的细沙、滚压后浇水，可很快成坪。

（四）种植后的管理

播种后，浇水应少量多次，保持土壤湿润。随着新草坪的发育，逐渐减少灌水的次数，增加每次的灌水量。在种子萌发出苗后逐渐取掉覆盖物。

新坪建立后，由于草坪草尚幼嫩，竞争力较弱，杂草极易侵入。但幼苗对除草剂较敏感，因此最好不要施用除草剂，而以人工方法清除杂草。

当草坪草长到一定高度时，就应进行修剪，首次修剪一般为植株达到 5 厘米高时。剪草机的刀片一定要锋利，以防将幼苗连根拔起。为避免修剪对幼苗的过度伤害，应该在草坪草上无露水时，最好是在叶子不发生膨胀的下午进行修剪，并尽量避免使用过重的修剪机械。

新建草坪如在种植前已施足基肥，则无需再施肥。如幼苗呈现缺肥症状，可适当施入缓效化肥，肥料的撒施应在叶子完全干燥时进行。新建的草坪，因根系的营养体尚很弱小，宜薄肥勤施。

二、绿地草坪的日常管理

（一）浇水

草坪的浇水应在蒸发量大于降雨量的干旱季节进行，冬季草坪休眠，土壤封冻后，无需浇水。在一天中，为提高水的利用率，早晨和傍晚是浇水的最佳时间，不过晚上浇水却不利于草坪草的干燥，易引发病害。

根据草坪管理实践中的经验，通常在草坪草生长季的干旱期，为保持草坪色泽亮绿及正常生长发育，每周需浇水 1～2 次，每周的灌溉量应为 25～40 毫米。而在炎热干旱的条件下，旺盛生长的草坪每周需浇水 3～4 次，每周的灌溉量应为 50～60 毫米或更多。但是，草坪需水量的大小，在很大程度上决定于种植草坪草土壤的质地。

浇水可采用漫灌、喷灌、滴灌等多种方式，可根据养护管理水平以及设备条件采用不同的方式。

（二）施肥

冷季型草坪草适宜的施肥时间是春季和秋季，晚秋施肥则可使根系更加发达，且有利于次年春季草坪草的返青。暖季型草坪草最重要的施肥时间是春末，第二次施肥安排在夏天。应注意：当出现不利于草坪草生长的环境条件和病害时不宜施肥；追施的肥料浓度应适当，且施肥后需及时浇水，否则会引起草坪的"灼伤"；施肥计划的制订应以土壤养分测定的结果和经验为根据。

（三）修剪

草坪修剪应遵循 1/3 原则，即每次剪掉的叶片部分不应超过叶片总长度的 1/3。在生长季，当草坪草的高度达到需要保留的高度的 1.5 倍时就应进行修剪。对于新建草坪的首次修剪，可以在草坪草长度达到需保留高度的2倍时进行。

每次修剪应避免以同一种方式进行，即要防止永远在同一地点，同一方向上多次重复修剪，以免草坪形成"纹理"现象。应注意：修剪刀片应锋利，应避免在雨后进行修剪。

（四）杂草防治

杂草防治的主要措施有机械除草（包括定期修剪，手工拔除，建坪前的坪床旋耕等）和化学除草（即采用除草剂防除杂草）。常用的草坪除草剂有选择性除草剂（2,4-滴丁酯、2甲4氯、麦草畏）和非选择性除草剂（草甘膦、百草枯等）。

此外，草坪还应定期进行打孔通气、梳草、表施土壤、补播等操作，可根据对草坪的品质要求进行这些管理措施。

第五节　花坛的设计、施工与管理

（一）花坛的类型

根据花坛中所应用植物材料的种类和其表现形式不同分为两类：

1. 盛花花坛　以花卉的色彩美取胜，主要表现和欣赏草花盛开时群体的色彩效果。盛花花坛图案简洁，轮廓鲜明，主要由观花草本花卉组成。

2. 模纹花坛　以花纹图案取胜，主要表现和欣赏由观叶植物组成的精美图案和华丽纹样，植物本身的个体美和群体美都居于次要地位。最常用的植物材料是五色草类。

（二）花坛的设计步骤

1. 明确设计主题　花坛设计主题由设计要求、周围环境而定。主题思想要与环境和主体建筑物相协调一致。如天安门广场上的主花坛为"万众一心"花坛，各城市标志性建筑、广场前的花坛通常是以宣传政策与形势为主题的花坛，或以宣传地方文化特色、重要成就为主题的花坛等，都是设计主题非常明确的花坛。

2. 确定风格、体量与形状　花坛的风格、体量与形状由周围环境中的建筑物、道路、广场以及背景植物而定。花坛的体量，一般不应超过广场面积的1/3，不小于1/5。花坛的外部轮廓应与建筑物边线、相邻的路边和广场的形状协调一致。做主景的花坛其外形应为规则式，其本身的轴线应与构图整体的轴线相一致；作为雕塑、纪念碑等基础装饰的配景花坛，花坛的风格应简约大方，不应喧宾夺主。

3. 色彩设计　花坛色彩应与环境有所差别，既起到醒目和装饰作用，又与环境协调，融于环境之中，形成整体美。花坛色彩设计时要主次分明，一般以1~3种色彩为主，其他色彩则为衬托。切忌在一个花坛中花色繁多，没有主次，杂乱无章。当花坛作为主体时，通常要求与背景有一定的对比度，以突出主体。当花坛作为衬托时，对比度要适当。

4. 图案纹样设计

（1）盛花花坛　力求图案简单，轮廓鲜明。外部轮廓主要是几何图形或几何图形的组合。内部图案要简洁，要轮廓清晰、有大色块的效果，切忌在有限的面积上设计繁琐的图案。

（2）**模纹花坛**　力求图案丰富，细致精美。植床的外轮廓以线条简洁为宜，内部图案可选择的内容广泛，如卷云类、星角类、花瓣梅莲类、文字类等。需注意：以各种标记、文字、徽志作为图案时，设计要严格符合比例，不可随意更改。五色草类组成的模纹花坛纹样最细处不可窄于 5 厘米；草本花卉组成的盛花花坛以最少能栽植 2 株为限；常绿灌木组成的纹样最细应在 20 厘米以上。

5. **花坛的设计图**　通常包括花坛平面图、效果图、设计说明书和植物材料表。

（1）**花坛平面图**　要求绘出花坛图案纹样，标出植物名称。比例为：模纹花坛 1∶20～1∶30；盛花花坛 1∶50。

（2）**效果图**　以鸟瞰图的形式画出花坛的整体效果。

（3）**设计说明书**　简述花坛的主题、构思并说明设计图中难以表现的内容，文字宜简练。

（4）**植物材料表**　包括花坛所用植物的品种名称、花色、规格（株高及冠幅）以及用量等。

（三）花坛的施工步骤

1. **花坛内土壤处理**　在种植花卉前应对花坛内土壤进行深翻并施入有机肥。一、二年生草花整地深度至少 20 厘米，多年生花卉及灌木需 40 厘米，并将土壤作出适当的排水坡度。

2. **施工放线**　根据设计图将纹样放大。先中心纹样，后外围纹样。复杂细致的图案或文字，可先用硬纸板镂空，铺在种植床相应的位置上，撒上沙子或石灰绘制图形。

3. **花坛用苗量的计算**　以花苗稳定冠幅为标准来估算，春季花坛如雏菊、金盏菊、三色堇等草本花卉约每平方米 36 株；夏秋季花坛如国庆菊、一串红等约每平方米 9 株，鸡冠花每平方米 25 株、五色草平方米 400～500 株。计算用苗量时一定要考虑损耗量。

4. **备苗**　花苗运到工地后，应放置荫蔽处，切忌暴晒。当栽种暂时停止时，应喷水保湿。

5. **栽种方法**　选择阴天或傍晚，栽种时先栽中心部分。株行距以植株冠幅相接，不露出地面为准。五色草花坛先制模型后栽种。栽好后灌一次透水。

（四）花坛的日常管理

首先要根据季节、天气安排浇水的频率。干旱天气时浇水要勤，浇水后要及时扶正倒伏的植株，在交通频繁尘土较重的地区，还需每隔 2～3 日需喷一次清水。日常管理中，发现个别枯萎的植株要随时更换，对扰乱图形的枝叶要及时修剪。

第六节　盆景基础知识及盆景的创作

一、盆景创作基本原则

（一）意在笔先

盆景创作的立意是盆景所要表现的主题思想，就是想表现什么、如何去表现？盆景作品成功与否，与其立意的优劣有直接关系。盆景的立意一般有两种情况，一种是作者的情感受到外界的激发，或受到某种事物的启迪，而产生创作的动机；另一种情况是"见树生情"，或叫"见物生意"，比如当挖到一棵好的树桩时，会左观右望，上下打量，反复推敲，当眼前的树木和头脑中储存的图像即树木的造型结合在一起时，构思就完成了。

（二）扬长避短

在盆景创作过程中，要充分利用盆景材料原有的优美自然形态，同时把有缺陷的或者多余的部分去掉。如果不能去掉的话，就把优美耐看的部位作为观赏面，把有缺陷或不够美观的部分放在背面。对盆景材料进行这样的构思、造型，能够达到扬长避短的目的。如有经验的盆景创作者见到素材后，一般不会马上动手修剪，而是首先找出该素材的长处并进行构思，当一个适宜的盆景造型图案考虑成熟后，再动手进行锯裁、修剪、蟠扎。

（三）统一协调

一件盆景佳作，各部分必须统一协调，浑然一体，否则就不是一件好的作品。如树桩盆景的主要观赏部位有观叶、观花、观果、观根等区别，但作为一株树木来讲，根、干、枝、叶、花、果各部分必须协调，否则它就会失去美感。此外，树木和盆钵的大小、样式、深浅、色泽也要相互协调。无论盆大树小或树大盆小，都会显得不协调。山水盆景主峰、次峰、配峰的高度要有一定比例，如次峰的高度和主峰相差不多，就显得很不协调。在一件作品中，山石的纹理不一致也会使人感到这件作品是东拼西凑而成的，没有统一协调、浑然一体之感。

（四）繁中求简

繁中求简的"简"不是简单化，也不是越简越好，而是以少胜多、以简胜繁。如山水盆景中配峰适当的简，反而能突出主峰。在树桩盆景定型修剪时，有的把枝干的大部分都剪除，仅留较短的一段主干和 3～5 根枝条，这就是"繁中求简"在树桩盆景造型中的具体运用。在制作盆景时，应根据具体情况灵活掌握，当简则简，当繁则繁。

（五）以小见大

盆景艺术中的小，不是真正的小，而是"以小见大"；所谓大，也不是简单的大，而是寓大于小。几株小树木，高低错落有序地栽于长方形盆钵中，远远望去，好似一片森林呈现在眼前，这就是盆景艺术"以小见大"的魅力所在。

（六）主次分明

在盆景艺术中，主体靠客体来衬托，客体靠主体来提携，二者是矛盾的，又是统一的。在中、小型山水盆景中，要避免出现等高的峰峦，应高低参差，错落有序，突出主峰，主次分明，才能起到众星捧月的作用。在双干式树桩盆景造型时，常用较小的一棵来衬托主景的高大。在丛林式或一本多干式盆景的造型中，也是用较小的一棵（或一枝干）来衬托较大一棵的高大雄伟。这些就是主次分明的构图原则在树桩盆景造型中的具体运用。

（七）疏密得当

山水盆景造型，峰峦之间应有疏有密，疏密得当。通常的做法是：主体宜整，客体宜零；高处宜整，低处宜零；密处宜整，疏处宜零。要做到整而不臃，零而不乱。在树桩盆景造型时，枝干的去留，枝片之间的距离，也应有疏有密，不能等距离布局，否则会显得呆板。在多株丛林式盆景造型布局时，几棵树木之间的距离应有疏有密。主景组第一高度的树木周围，要适当地密一些，客景组树木要适当疏一些。

（八）虚实相宜

一件好的盆景作品，应虚实相宜，疏密有致。在山水盆景的艺术造型中，对虚实关系的处理要做到："形断意连"、"迹断势连"，使虚处能给观赏者以无尽遐想的空间。在树桩盆景造型中，枝叶不能平均布局，枝叶既没有疏处也没有密处，这种盆景意境就差。

（九）欲露先藏

山水盆景布局造型中，景物要有露有藏，欲露先藏，方显含蓄。如果只露不藏，一览无遗，观赏者就没有回味的余地了。在树桩盆景尤其在丛林式的树桩盆景造型时，要巧妙地运用露与藏的手法，如做到使树木的枝叶前后错落穿插，枝干相互有所遮挡，几棵树木之间有疏有密，树冠高低不一，富有节奏感，这样有露有藏、欲露先藏的造型布局，才能给人以回味和想象，使盆景的意境更加深邃。

（十）静中有动

好的盆景作品应静中有动，稳中有险，抑扬顿挫，姿态万千。树干笔直，树冠呈等腰三角形，则感造型呆板；树干适当弯曲，树冠呈不等边三角形，这样的布局才符合植物生长规律，又合乎动势要求。要使树桩盆景具有动势，除树冠、树干变化之外，树木种植的位置应偏向一侧，这就能使树桩盆景显得生动活泼而具有动势。山水盆景中的动势可用山峰和盆面之间的角度及其在盆中的位置来表现，或主峰和配峰的布局构图呈不等腰三角形等来表现。

二、山水盆景的创作

1. **山石的选材**　选材时，一要注意应根据石材的自然特征，确定其适合作哪种自然景观的造型。如果选择的是一组皴纹直立简练、形状长条、轮廓自然的砂积石为一盆景的素材时，肯定地说，这些素材最适宜作剑峰峻峭、高耸挺拔的造型景观；二要注意素材的质地、种类、皴纹一定要统一，一盆盆景最好只用一种类别的素材，色彩不可差异太大。

2. **山石的加工**

（1）**山体轮廓的敲削**　在制作一盆山水盆景进行选材时，首先要对石材的顶部轮廓线进行观察，引发构思，反复推敲，不论硬石、软石，在轮廓线排列起伏不明显时，都要对其进行敲削，使之起伏鲜明，富有节奏感。

（2）**截锯与黏合**　通常情况下，一块石材是不能构成一盆山水盆景完整画面的。因此要进行多块石材组合而形成景观，根据景观要求进行对石材的锯截、连接和黏合，锯截石材用切割机或钢锯进行，也可用锤子敲断理平的方式进行。然后再用水泥或水泥兑色，或其他黏合剂黏接成形。

（3）理纹与错落　一般说来一盆山水盆景要求在石体皴纹上达到大致一致，这样显得景观画面较为统一。但因石材本身的差异性，因此在尽量选择纹理自然线条一致的前提下，有时要对一些纹理皴法不明显或纹理差异较大的石材进行理纹，理纹一般用剔、掏、敲、锯方式进行，视石材的软硬性质而定，若有的纹理实在不能理出，则可用大致色泽一致的石材进行错落拼接，形成大块面的皴纹明显凹凸的现象，达到景观统一生动的要求。

3. 山水盆景的造型与风格　盆景的创作立意，是盆景创作重要的一环。其实际上是一个确定意境，并构思、表达这个意境的过程，一般来说有两种表达方式：一是先立意，并根据这一立意经过构思选用适当的山、石、草、树等素材，在盆钵空间中进行排列组合来完成这一立意；二是根据具体的山、石、草、树的形状特点，生发某种立意，然后构思并运用这些山、石、草、树的形状特点，进行排列组合来完成某一景观和意境的构成。由于盆景景观构成受到具形素材的限制，因此这种立意构思方法是山石及各组合类盆景造型中普遍使用的一种构思结合制作的方式。

4. 山水盆景选盆　山水盆景因其景观留有大量水面，点缀有低矮的散点石和船筏亭台，因此一般选用盆沿极浅的大理石水盆，水盆形状视石材的形状及色彩、造型等而定，可选用椭圆形、圆形、长方形等，色彩一般都选用白色。紫砂水盆及土陶水盆也可用于山石盆景造型，但因其色彩、深度的局限性通常只用于较为特殊的石材或造型。无论选择何种盆盎，均应以造型景观效果是否被衬托突出为主要目的。

5. 植物的栽种与配件的点缀　山水盆景的山石组合造型完成之后，应当进行植物的配植和配件点缀。

配植植物应以叶细、枝矮为好，不同景观配不同的植物。如孤峰式景观，可选用枝干较为苍老粗壮的植物；群峰壁立，可选用丛林繁茂的组合型配植；平缓山坡，点缀配植矮小植物。同时可运用烘托、点缀、穿插、飞出、重叠、密植等手法来具体操作，但要注意一般配植规律比例中的"丈山尺树"的规律，总的说来还是以"起、承、转、结、合"的构成原则配植为好。

配件是在山水盆景中起点题或衬托作用的。但要注意，山水盆景创作不应以点缀配件为主，而应以景观造型为主。配件不可堆砌、乱放，要藏露、疏密适度，要讲求"近大远小"的法则和透视关系。

三、树桩盆景的创作

1. 树坯的选择　树坯来源于两个方面，即山野树坯的采掘和树苗的培植。一般都要选用树龄长，形态优美，在自然生长中有一定造型可塑性的树坯。若单以人工从小栽植到选为素材，再进行加工，则造型时间长，成型慢。所以盆景工作者大都在山野自然中采掘野生坯料来进行加工。

2. 树坯的造型　树坯造型一定要因材构思、因材造型，特别是自然类树桩造型，切不可用规律类树桩造型方法去死搬硬套。
树坯的加工造型方法大致分为蟠扎法和修
剪法两种。

（1）蟠扎法　是用棕丝或金属丝对树
桩进行造型。棕丝蟠扎属传统盆景树桩的
造型方法，一般将树干或树枝作成半圆形
的弯子，重复或变化造型（图3-1）。棕
丝蟠扎的关键在于掌握好着力点，要根据
造型的需要，选择好下棕与打结的位置。
棕丝蟠扎的顺序：先扎主干，后扎主枝、
侧枝；先扎顶部，后扎下部。每扎一个部
分时，先大枝、后小枝，先基部、后端
部。棕丝拆除时间一般在一年之后，漫长
树可延长到3年左右。

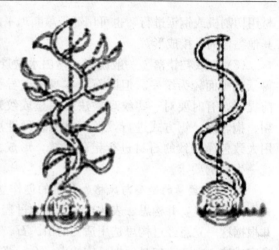

图3-1　棕丝蟠扎

金属丝的蟠扎是用铜丝或铅丝对树坯进行造型，这种方法简便易行，屈伸自如，但拆
出时麻烦。金属丝的粗细是根据树干和树枝的粗细来确定的，14～20号丝较为常用。蟠
扎时，先将金属丝一端固定在枝干的基部或交叉处，然后紧贴树皮缠绕。边扭曲树枝
（干）边缠绕，或左或右，丝与树干（枝）成45°角（图3-2）。用力要均匀，以防扭伤树
干（枝）的形成层和树皮，若是易脱皮的树种或粗干，可先用麻、棕皮等包裹枝干再行
缠绕。

图3-2　金属丝缠绕

（2）修剪法　修剪一般是蟠扎基本造型后再进行，有平剪、选剪等。"蓄枝"是指选
定枝位后蓄养枝条，包括将来要成为树干的部分和根系；"截干"是指把不符合造型要求
的树干、枝条及根系截短或截除（图3-3）。

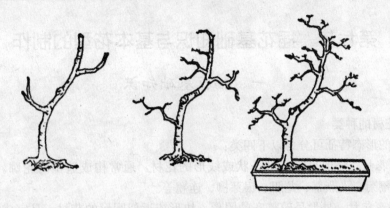

图 3-3　蓄枝截干修剪示意图

（3）提根法　为了增加树桩盆景的艺术价值和欣赏情趣，对一般树根都要进行提根处理，使其基部显露一部分造型有力、稳健的根部在盆的表面，给人以苍古雄奇的审美意境。

提根法通常用深盆高栽壅土法；深盆平栽水冲法；桶、筐状砂土或砂石培根法。深盆高栽提根法是树桩栽植于盆中，在根部堆土，使树桩基部高于盆沿但不外露，待树桩定植成活后逐年用竹棍由上而下掏去壅土，广露根部最后定型后再翻入浅盆中。深盆平栽水冲法，把树桩深植于盆中，当其成活后，在每次冲水时，有意识让水流稍强冲击树蔸部，使泥土脱落树根逐渐显露，再行翻盆，粗根即可露出。桶、筐状砂土或砂石培根法，则是用无底的木桶或无底筐将树桩围住，装入河沙或沙夹小卵石，并时常在桶、筐内注入水肥，待树桩的根部成活深入砂土下部泥土中时，再分若干次自上而下逐渐扒去砂石，每次间隔半年或一年，最后去掉桶筐后展露根部，再植入相宜的盆内。另外也可直接将树根埋入地下提埂壅土，逐年去埂扒土，渐露根部。

（4）雕琢法　为了使树桩显现其在大自然中经风雨雷劈而呈现的苍柏之态，可对树干进行人工雕琢，甚至可以劈开树干。比如，将一株松柏类的树桩用雕刻工具按构思将其干较上部分树皮，依吸水线扭曲、迂廻剥去，显出树干木质纹路，然后涂上石硫合剂或防腐剂以避免病害，经过养护而成为一株苍劲的树根。

3. 盆钵的配备　树桩盆景的配盆要根据树桩的造型特点进行配备。在大小、深浅、款式、色调、质地上都要协调一致。

一般来说，矮壮型的树木，单株栽植时盆口面积应小于树冠面积；盆长要大于树干的高度；而高耸型的树木，孤植时所用的盆口面积则必须大于树冠范围；盆的长度可小于树干的高度；树桩组合类盆景，盆长要大些，要留有布景组合空间。树桩的形状也是选盆的重要因素，如直立式宜选较深一点的盆钵，斜干、卧干式可选深浅适中的盆，悬崖式树桩则只能根据悬飞程度选择深千筒或中深千筒盆。树石组合类盆景则应选用浅盆，以利于水面、石材的处理。同时，在盆的形状上也应有所变化，树木扭曲蜿蜒、虬劲变化，则可选圆盆或椭圆盆；树木刚劲有力则可选棱角分明的盆钵。另外，在色调上也应视具体树桩而定。

第七节 插花基础知识与基本花型的制作

一、插花基础知识

（一）花材的种类

按花材的形态特征可分为以下四类：

1. 线形花材 外形呈细长的条状或线形的花材，通常构成造型的轮廓。如唐菖蒲、金鱼草、蛇鞭菊、飞燕草、龙胆、银芽柳、连翘等。

2. 团块形花材 外形呈较整齐的团形、块形或近似圆形的花材，是完成造型的重要花材。如康乃馨、非洲菊、玫瑰、白头翁等。

3. 异形花材 外形不规整、结构奇特别致的花材，宜插在作品的视觉中心作焦点花。如百合花、红掌、天堂鸟、芍药等。

4. 散（点）形花材 外形由整个花序的小花朵构成星点状蓬松轻盈状态的花材，具有填补造型的空间和色彩调和的作用。如小菊、满天星、小苍兰、白孔雀等。

（二）插花步骤

1. 构思与构图设计 动手之前先构思立意，应明确所插作品的类型、风格以及所要采取的形式。如是礼仪用花、艺术插花还是趣味性插花；作品放置的环境与位置是会场还是居室；所要表现的气氛是喜庆、祝贺，还是哀悼等。要根据条件及要求选择适宜的容器、花材与构图形式。创作命题性的艺术插花应根据命题立意，确定构图后选择用材。

2. 花材整理 插花素材需经过整理，即根据造型的要求进行枝叶与花材的剪切与整理。需要人工弯曲或剪裁造型的叶材，可根据需要做定型处理。

3. 固定花材 为稳定插花方向、位置、俯仰、垂卧的姿态，可用剑山、花泥、插座或金属网作为固定花材的辅助用具，应用花泥需预先吸足清水。

4. 插花顺序 ①先插出花型骨架，定出花型高、宽、深等外型轮廓；②插焦点花定焦点；③在轮廓线范围内插入主体花，完成花型主体；④用散形花材、衬叶填补空间，丰满花型，遮盖花泥。

5. 命题 插好作品后，对照原定构思、立意以及基本构图法则对作品进行修饰调整，使之尽量完美。艺术插花作品还常给作品进行题名，可起画龙点睛的作用。

二、插花基本花型的制作

（一）半球型插作步骤

1. 插骨架花 选用块状花材，在花泥中央垂直插入①，其高度一般不超过30厘米。在花泥四周沿花器口边缘水平插入②～⑦，夹角均为60°，其顶点组成一圆形（图3-4-A）。注意：①号枝较其他花枝要略长一些。

2. 插主体花 在上述7枝花规定的半球型轮廓范围内均匀地插入其他块状花材，形成一个半球体（图3-4-B）。

3. **插填充花**　在主体花的空隙间填入散形花材，并修饰空间。

注意：球面要饱满圆滑，不能出现凹凸不平现象。

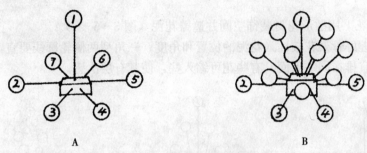

图3-4　半球型插作示意图

（二）水平型插作步骤

1. **插骨架花**　先在花泥中央垂直插入花枝①，确定花型高度，一般不超过30厘米。在花泥两侧中间贴花器口水平插入②、③确定花型的长度，并在花泥另两侧插入④、⑤确定花型宽度，使长度与宽度之比大于或等于2（图3-5-A）。

2. **插主体花**　在水平骨架花②③④⑤之间插入主体花，在底部形成一椭圆形轮廓（图3-5-B）。在两长轴②③与垂直轴①之间同样插入主体花，使各花顶点连成一条纵向弧线。在两短轴④⑤与垂直轴①之间插入主体花形成横向的弧线（图3-5-C）。在上述弧线规定的轮廓内插入其他主体花，完成花型主体。

3. **插填充花**　在主体花的空隙间插入散形花材（图3-5-D）。

注意：花型表面要圆滑，不可凹凸不平。填充花材一般不遮盖主花。

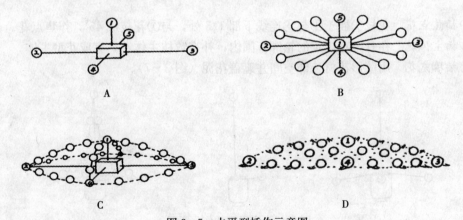

图3-5　水平型插作示意图

（三）三角型插作步骤

1. **插骨架花**　将花枝①（线形花材）插于花泥正中偏后2/3处，稍向后倾斜约15°，长为花器高度与宽度之和的1.5～2倍。花枝②③均为花枝①的1/3～1/2，分别插于花泥左右两侧偏后2/3处，与①成90°，可稍下垂或水平，不可上翘。第④花枝为①花枝的1/4，在花器正面中心水平状插入，与①成90°，使花型呈立体状（图3-6-A）。

2. **插焦点花** 在花型中线靠下部约 1/4 处，以 45°角插入第⑤花枝（通常选用百合花）作焦点花。

3. **插主体花** 在骨架花形成的轮廓范围内插入其他块状花材，完成三角型主体（图 3－6－B）。

4. **插填充花** 用散形花材装饰空间并遮盖花泥（图 3－6－C）。

注意：掌握好骨架花枝插入花泥的位置和角度；三角型两侧轮廓线要直，不要外凸或内凹；花朵不宜排在同一平面，有些花可缩入些，使其有层次感。

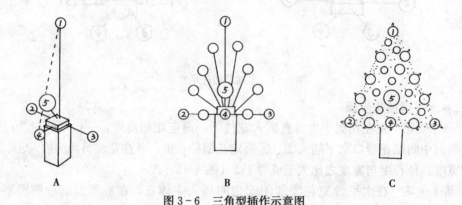

图 3－6 三角型插作示意图

（四）倒 T 型插作步骤

1. **插骨架花** 花枝①长度为花器的 1.5～2 倍，垂直插于花泥正中偏后 2/3 处。花枝②③均为①的 1/2 或 1/3，对称插于花泥左右两侧，水平或稍下垂。花枝④为①的 1/4，插在花泥正面中央与①成 90°。花枝⑤⑥为①的 1/4，对称插于①花枝左右两侧，向后倾斜 30°。

2. **插焦点花** 花枝⑦插于①与④连线下部 1/5 处，与①花枝成 45°，作焦点花。

3. **插主体花** 在骨架花规定的轮廓范围内，补充数枝主体花，完成花型主体。

4. **插填充花** 用散形花材装饰空间并遮盖花泥（图 3－7）。

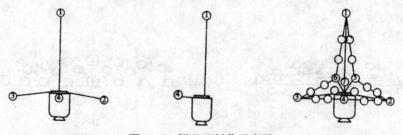

图 3－7 倒 T 型插作示意图

（五）L 型插作步骤

1. **插骨架花** 在花泥左、后 1/3 处垂直插入花枝①，其长度为花器的 1.5～2 倍，再在花泥右侧前 1/3 处沿花器口水平插入花枝③，其长度为①的 1/2～3/4，这样便形成 L 型框架。然后在花枝③对面水平插入花枝②，其长度应小于①的 1/4，最后在①的前面水平插入花枝④，长度为①的 1/4。

2. **插焦点花**　在①④连线的下 1/4 处插入焦点花，插入角度约为 45°。

3. **插主体花**　在各枝顶点连线范围内插入其他花枝，完成花型主体。

4. **插填充花**　用散形花材装饰空间并遮盖花泥（图 3-8）。

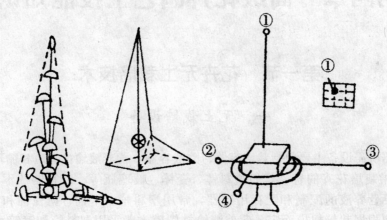

图 3-8　L 型插作示意图

第四章　高级花卉园艺工技能知识

第一节　花卉无土栽培技术

一、无土栽培设备

无土栽培所需设备主要包括栽培容器、贮液容器、营养液输排管道和循环系统。栽培容器主要指栽培花卉的容器，如塑料钵、瓷钵、玻璃瓶等，以容器壁不渗水为好。贮液容器包括营养液的配制和贮存用容器，常用塑料桶、木桶、搪瓷桶和混凝土池，容器的大小要根据栽培规模而定。营养液输排管道一般采用塑料管和镀锌水管。循环系统主要由水泵来控制，将配制好的营养液从贮液容器抽入，经过营养液输排管道，进入栽培容器。

二、无土栽培基质选择

目前用于生产的无土栽培方法可分为水培和基质培两大类。所用基质有沙、泥炭土、树皮块、陶粒、珍珠岩、蛭石、岩棉、炉灰渣等。无土栽培所用基质的选择，各地可因地制宜，就地取材。但需要注意：基质长期使用，特别是连作，会使病菌集聚滋生，故每次种植后应对基质进行消毒处理。

三、营养液的配制方法

营养液的配制方法有两种，一种是浓缩营养液（母液）的稀释法，即先配制浓缩营养液（或称母液），然后用浓缩营养液配制成工作营养液（或叫栽培营养液）；另一种是直接称量法，即直接称取营养元素化合物配制成工作营养液。可根据实际需要来选择一种配制方法，但不论选择哪种配制方法，都要在配制过程中以不产生难溶性沉淀物质为总的指导原则来进行。

（一）浓缩营养液（母液）的稀释法

1. 母液的配制　为了防止在配制母液时产生沉淀，不能将配方中的所有化合物放置在一起溶解，而应将配方中的各种化合物进行分类，把相互之间不会产生沉淀的化合物放在一起溶解。为此，配方中的各种化合物一般分为三类，配制成的浓缩液分别称为 A 母液、B 母液、C 母液。

A 母液：以钙盐为中心，凡不与钙作用而产生沉淀的化合物均可放置在一起溶解。一般包括 $Ca(NO_3)_2$、KNO_3，浓缩 100～200 倍。

B母液：以磷酸盐为中心，凡不与磷酸根产生沉淀的化合物都可溶在一起，一般包括 $NH_4H_2PO_4$、$MgSO_4$，浓缩 $100\sim200$ 倍。

C母液：是由铁和微量元素合在一起配制而成的。由于微量元素的用量少，因此其浓缩倍数可以较高，可配制成 $1\,000\sim3\,000$ 倍液。

在配制各种母液时，母液的浓缩倍数，一方面要根据配方中各种化合物的用量和在水中的溶解度来确定，另一方面，以方便操作的整数倍为宜。浓缩倍数不能太高，否则可能会使化合物过饱和而析出，而且在浓缩倍数太高时，溶解也较慢。

配制浓缩贮备液的步骤：按照要配制的浓缩贮备液的体积和浓缩倍数计算出配方中各种化合物的用量，依次正确称取 A母液和 B母液中的各种化合物用量，分别放在各自的储液容器中，肥料一种一种加入，必须充分搅拌，且要等前一种肥料充分溶解后才能加入第二种肥料，待全部溶解后加水至所需配制的体积，搅拌均匀即可。在配制 C母液时，先量取所需配制体积 2/3 的清水，分为两份，分别放入两个塑料容器中，称取 $FeSO_4\cdot7H_2O$ 和 EDTA-2Na 分别加入这两个容器中，搅拌溶解后，将溶有 $FeSO_4\cdot7H_2O$ 的溶液缓慢倒入 EDTA-2Na 溶液中，边加边搅拌；然后称取 C母液所需的其他各种微量元素化合物，分别放在小的塑料容器中溶解，再分别缓慢地倒入已溶解了 $FeSO_4\cdot7H_2O$ 和 EDTA-2Na 的溶液中，边加边搅拌，最后加清水至所需配制的体积，搅拌均匀即可。

2. 工作营养液的配制　利用母液稀释为工作营养液时，在加入各种母液的过程中，也要防止沉淀的出现。配制步骤为：应在贮液池中放入大约需要配制体积的 $1/2\sim2/3$ 的清水，量取所需 A母液的用量倒入，开启水泵循环流动或搅拌器使其扩散均匀，然后再量取 B母液的用量，缓慢地将其倒入贮液池中的清水入口处，让水源冲稀 B母液后带入贮液池中，开启水泵将其循环或搅拌均匀，此过程所加的水量已达到总液量的 80% 为度。最后量取 C母液，按照 B母液的加入方法加入贮液池中，经水泵循环流动或搅拌均匀即完成工作营养液的配制。

（二）直接称量法

在大规模生产中，由于一次需要的工作营养液量很大，则大量营养元素可以采用直接称量配制法，而微量营养元素可采用先配制成 C母液再稀释为工作营养液的方法。具体的配制步骤为：在种植系统的贮液池中放入所要配制营养液总体积约 $1/2\sim2/3$ 的清水，称取相当于 A母液的各种化合物，放在容器中溶解后倒入贮液池中，开启水泵循环流动，大约 30 分钟或更长时间；然后称取相当于 B母液的各种化合物，放入容器中溶解后，用大量清水稀释后缓慢地加入贮液池的水源入口处，开动水泵循环流动，大约 30 分钟之后，再量取 C母液，用大量清水稀释，在贮液池的水源入口处缓慢倒入，开启水泵循环流动至营养液均匀为止。配制过程中一定要注意，加入化合物的速度不能过快，以免产生局部浓度过高而出现大量沉淀现象。

四、营养液配制的操作规程

为了避免在配制营养液的过程中出差错而影响到作物的种植，需要建立一套严格的操作规程，内容应包括：①营养液原料的计算过程和最后结果要多次核对，确保准确无误。

②称取各种原料时，要反复核对称取数量的准确性，并保证所称取的原料名称相符，切勿张冠李戴，特别是在称取外观上相似的化合物时更应注意。③各种原料在分别称好之后，一起放到配制场地规定的位置上，最后核查无遗漏，才可动手配制。切勿在用料未到齐的情况下匆忙动手操作。④建立严格的记录档案，将配制的各种原料用量、配制日期和配制人员详细记录下来，以备查验。

五、营养液配制及使用注意事项

1. **母液的贮存方法**　为了防止母液产生沉淀，在长时间贮存时，一般可加硝酸或硫酸将其酸化至 pH 3～4，同时应将配制好的浓缩母液置于阴凉避光处保存，C 母液最好用深色容器贮存。

2. **营养液 pH 的调整**　当营养液的 pH 不符合要求时，应进行调整。pH 偏高时，可在营养液中加入无机酸如硫酸、磷酸、硝酸等加以调节；pH 偏低时，可加入碱类如氢氧化钠加以调节，并用比色法或电位法加以检查。

3. **营养液离子浓度的检测**　营养液的离子浓度是其养分高低的标准，其总离子浓度可通过测定其电导率（EC 值）来检测，但电导率不能反映个别元素的浓度，所以在营养液使用过程中，对于大量元素，每半个月应化验一次，微量元素每一个月应化验一次。如果发现问题，应及时加入相关肥料加以纠正。

第二节　花卉的花期调控技术

一、花期调控的原理

植物生长发育的节奏是对原产地气候及生态环境长期适应的结果。花期调控的技术途径也是在遵循其自然规律的前提下加以人工控制与调节，达到加速或延缓其生长发育的目的。实现花期调控的途径主要是控制温度、光照等生长发育的气候环境因子，调节土壤水分养分等栽培环境条件，对植物采用一些修剪措施以及外施生长调节剂等化学药剂。温度与光照对花期调控的作用既有质的作用，又有量的作用。在接受特殊的温度或光周期条件下使植株加速通过成花诱导、花芽分化、休眠等过程而达到促进开花，也可使植物保持营养生长，保持休眠状态，延缓发育过程而实现抑制栽培。这是温度和光照对花期调控起的质的作用，也是调节花期的主要途径。温度与光照对植物生长发育也有量的作用，如在适宜温度下生长发育快，非最适条件下进程缓慢，从而控制开花进程。人工调节开花，必须有明确的目标和严格的操作计划。按既定目标制定实施计划及措施。

二、花期调控的主要途径和技术措施

(一) 温度处理调控花期

1. **增温处理，提前开花**　对花芽已形成，正处于强制休眠期的花卉，在冬季用加温处理的措施，可以打破休眠，使之提前开花。如若使杜鹃花在春节期间开花，可于 12 月初把经过低温锻炼的植株转移到室内培养，温度保持在 15～20℃，早花种经 30～40 天，晚花种经 50～60 天即可开花。一些早春开花的花木类，牡丹、丁香、梅花、迎春、碧桃等，还有许多温室草花如瓜叶菊、大岩桐及其他非洲菊、大丽花、美人蕉、象牙红、文殊兰等，都可用加温的方法达到提前开花或延长花期。

2. 降低温度，延缓生长，延迟开花　许多花卉当花芽开始萌动后，给以较低的温度，能使新陈代谢缓慢，因而可以延缓生长，推迟花期。如荷花正常花期在 6 月，要想延迟花期，可在 6 月初花芽开始萌动时将其放在 2～4℃ 的冷库中，在需要开花前半个月搬出冷库，则到时即可开花。这种处理多用于含苞待放或初开的花卉，如菊花、天竺葵、八仙花、瓜叶菊、唐菖蒲、月季及水仙等。防暑降温也可使不耐高温的花卉在夏季开花。

（二）光照处理调控花期

1. 短日照处理　适于菊花、叶子花、一品红、蟹爪兰等典型短日性花卉。在长日照季节，只要具备一定的营养生长，枝条长短接近开花时的需要之后，用人为的方法使全植株每天光照控制在 8～10 小时，经过一定时间就能开花。以菊花为例，菊花的自然花期在 10 月下旬至 11 月上旬。若使其在国庆节开花，可于 7 月下旬开始将每天的光照时间缩短到 8～10 小时，从下午 5 时至次日晨 8 时施行遮光，同时配合其他的栽培措施即可应时开花。应注意：遮光的严密性和连续性，不能间断；在遮光处理时应正常浇水、施肥，并注意控制温度，不宜过高，如超过 30℃，有的种类开花会不整齐，甚至形不成花蕾。

2. 长日照处理　此项措施多用在秋冬季使长日照花卉开花的情况。处理的方法是在日落之后，用白炽灯、日光灯或弧光灯等补光，每天保持 15 个小时左右的光照条件。如大丽花在冬季扦插成活后，每日补充光照到晚 10 时，130 天后即能开花。休眠过的唐菖蒲种球在 9 月种下，当长出 2 片真叶后，每天延长 7 小时光照，并保持 12～18℃ 的室温，1 月份即可开花。此外，利用长日照也可以使短日照花卉抑制开花，如晚菊品种在花芽分化前（9 月中旬），进行长日照处理 1 个月，每日用 40 瓦日光灯（距植株 60 厘米）延长光照 6 小时，并保持 20℃ 室温，则可延长到元旦开花。应注意：冬天温度低，进行补光处理时一定要配合提高温度，才能生效。

3. 昼夜颠倒　对本来夜晚开花的花卉，给予光照颠倒，也能使其白天开放。如为了便于人们观赏昙花，可等花蕾长到 6～8 厘米时，白天遮光，保持黑暗，夜间给以每平方米 100 瓦的光照，4～6 天即可在白天开放，并可延长开花时间。

（三）利用栽培措施控制花期

1. 调节种植期　对于许多花卉，在了解其生长周期长短及合适的温度、光照需求后，即可通过调节种植期来调整花期。如矮翠菊在 7 月 20 日播种，国庆节即可开花。其他"十一"需要的花卉如鸡冠花可在 6 月初播种，翠菊、万寿菊、美女樱可在 6 月中旬播种，孔雀草、千日红、百日草在 7 月上旬播种均可国庆节用花。

2. 采取整形修剪措施　有些花卉有不断开花的习性，在营养生长达到一定程度时就能开花，可采用修剪、摘心的方法，使其继续或按时开花。如月季花从修剪到开花的时间，夏季 40～45 天，冬季 50～55 天。9 月下旬修剪可于 11 月中旬开花，10 月中旬修剪可于 12 月开花，不同植株分期修剪可使花期相接。一串红修剪后发生新枝，约经 20 天开花，4 月 5 日修剪可于 5 月 1 日开花，9 月 5 日修剪可于国庆节开花。荷兰菊在短日照期间摘心后新枝经 20 天开花，在一定季节内定期修剪也可定期开花。茉莉开花后加强追肥，并进行摘心，一年可开花 4 次。榆叶梅 9 月上旬摘除叶片，则 9 月底至 10 月上旬可以促使二次开花。

3. 肥水管理调节开花　人为的控制水肥，使植株落叶，能取得休眠的效果。一些冬天休眠、早春开花的种类，经强迫提前休眠，可在秋天第二次开花，如玉兰、丁香、紫荆、垂丝海棠等花木，都可使用此法。具体做法：把要处理的植株，在当年春天把花蕾摘除，不使其开花，以减少养分消耗，在春、夏两季精心养护，使植株及早停止营养生长，组织充实，促使形成花芽，然后再经降温使其落叶或摘叶，即可进入休眠，放在凉爽的地方，一段时间后再放在常温下，并给以喷水措施，即能重新生长而开花。

（四）激素处理

1. 加速生长、促进开花　用赤霉素促进花卉的生长，可导致其开花。如山茶的花期在冬末早春。实际上其在夏初就停止生长进行花芽分化，但分化极为缓慢，如用每升 500～1 000 毫克的赤霉素点涂花蕾，每周两次，半月后就能加快花蕾生长，再结合喷雾和经常给予潮湿环境，就能当年开花。

2. 抑制开花　如用每升 100～500 毫克萘乙酸处理菊花，可以推迟菊花的花期。

第三节　植物组织培养技术

一、植物组织培养的概念

组织培养就是把植物的细胞、组织或器官的一部分，在无菌的条件下，接种到一定的培养基上，在玻璃容器内进行培养，使之长出不定芽和不定根，从而形成新植株的方法。组培苗又叫试管苗。组织培养是大量生产无病毒商品花卉，尤其是观叶植物和鲜切花幼苗的先进方法，可在短期内繁殖出大量无病毒苗，是现代工厂化育苗的必由之路。

二、植物组织培养脱毒的原理

在植物体中，感病植株体内的病毒分布不均匀，越靠近茎尖顶端的区域，病毒的浓度越低。因为分生区域无维管束，病毒只能通过胞间连丝传递，赶不上细胞不断分裂和活跃的生长速度，因此生长点含有病毒的数量极少，几乎检测不出病毒。因此，植物组织培养脱毒的原理主要是利用了茎尖分生组织不带毒或少带毒这一现象。茎尖培养时，切取茎尖的大小对脱毒效果有很大影响，茎尖越小效果越佳，但太小时不易成活，过大则不能保证完全除去病毒。不同种类的植物和不同种类的病毒在茎尖培养时切取的茎尖大小也不相同。一般来说，切取 0.2～0.5 毫米带 1～2 个叶原基的茎尖进行培养即可。

三、植物组织培养的设备与使用方法

(一) 超净工作台的使用方法

超净工作台不要安放在尘埃多的地方，需定期检查超净工作台台面上的风速。

在每次开动超净工作台时，应让气流吹 10 分钟后再开始操作。

在每次操作之前，要把实验材料和需使用的各种器械、药品等先放入台内，不要中途拿进。同时台面上放置的东西也不宜太多，特别注意不要把物品堆放太高，以免挡住气流。

在使用超净工作台时应注意安全，当台面上的酒精灯已经点燃以后，千万不要再喷洒酒精消毒台面，否则很易引起火灾。

(二) 高压蒸汽灭菌锅的使用方法

高压灭菌锅是一个能够耐压同时可以密闭的金属锅。热源可以用蒸汽、煤气炉、电炉等。灭菌器上装有温度计和压力表，还有排气口，它的作用是在密闭之前，利用蒸汽将锅内的冷空气排尽。此外在灭菌锅上还装有安全活塞，如果压力超过一定限度，活塞的阀门即能自动打开，放出多余的蒸汽。

打开灭菌锅盖，向锅内或从加水口处加水。

将待灭菌的物品放入锅内，不要放得太紧，以免影响蒸汽的流通和灭菌效果。物品也不要紧靠锅壁，以免冷凝水顺壁流入物品中。

加盖旋紧螺旋使锅密闭。

打开放气阀，加热，自开始产生蒸汽后约 3 分钟再关紧放气阀，此时蒸汽已将锅内的冷空气由排气孔排出，让温度随蒸汽压力增高而上升。待压力逐渐上升至所需压力时，控制热源，维持所需时间，一般维持在 10.34 万 Pa，灭菌 20 分钟。

停止加热，压力随之逐渐下降。灭菌后，待压力降为 0 时，开盖，取出灭菌物品。在压力未完全下降时，切勿打开锅盖。

灭菌后可抽少数培养基置 37℃恒温培养箱内 24 小时，若无菌生长，可保存使用。斜面培养基从锅内取出趁热摆成斜面。

(三) pH 计操作程序

接上电源，打开机器开关。

按 Ph/Mv 键，直至显示屏上出现 PH。

去掉电极防护帽，用蒸馏水冲洗电极。

将电极浸入到待测溶液中，慢慢搅拌，直至达到稳定的测定值。此时屏幕上出现"S"，记下读数。

测定完毕后，用蒸馏水冲洗电极，放入电极防护帽中，关闭电源开关，使之进入待机状态。

注意：只有在长时间（24 小时以上）停用时，才可拔下电源插头。

(四) 蒸馏水器操作程序

打开放水阀，排空过夜水。

打开进水阀，当锅内的水位上升至水位孔时关闭进水阀。

将蒸馏水出水管接至蒸馏水容器。

接通电源，锅内水被加热。

待锅内水沸腾时开启进水阀。

注意水源开关不能开至过大或过小，保持加水杯的水位在一定水平。若水从加水杯口溢出，则水压太大。

蒸馏水容器装满后，先关闭电源再关闭进水阀。

四、组织培养的基本操作程序

1. 外植体的选择 通常最广泛而有效的外植体是茎尖，此外还有嫩叶、花瓣、茎段、子房、子叶、胚珠等。

2. 外植体的消毒

（1）先将材料用蒸馏水冲洗，再用无菌纱布或吸水纸将材料上的水分吸干，用消毒刀片切成小块。

（2）在无菌环境中将材料放入70％酒精中浸泡30～60秒。

（3）再将材料移入漂白粉的饱和液或0.01％升汞水中消毒10分钟。

（4）取出后用无菌水冲洗3～4次。

3. 制备外植体 已消毒的材料，用无菌刀、剪、镊等，在无菌的环境下，切成0.2～0.5厘米厚的小片，这就是外植体。在操作中严禁用手触动材料。

4. 接种 在无菌环境下，将切好的外植体立即接在培养基上。接种后，瓶、管用无菌药棉或盖封口，培养皿用无菌胶带封口，即可送入培养室。

5. 培养 接种完毕的材料，置于培养室内培养。培养室的温、湿度及光照是可调控的，根据花卉的种类不同，可将培养室的温、湿度及光照调至最适宜的范围。对于大多数花卉，保持（25±1）℃，光照2 000勒克斯，每天光照时间12小时，空气相对湿度60％～70％即可。

6. 生根成苗 对于多数花卉，将无根试管苗移至生根培养基，经1～2周便会分化出根，从而形成完整的小植株。

7. 组培苗的炼苗移栽 试管苗从无菌到光、温、湿稳定的环境进入自然环境，必须进行炼苗。一般移植前，先将培养容器打开，于室内自然光照下放3天，然后取出小苗，用自来水把根系上的培养基冲洗干净，再栽入已准备好的基质中，基质使用前要消毒。移栽前要适当遮阳，保持较高的空气湿度，一般经4周驯化栽培后便可转向常规栽培。

第四节 盆栽花卉的装饰与应用

一、宾馆、饭店的盆花装饰

（一）大堂

大堂是饭店进门处的一个较大的公共活动空间，包括入口、服务台、休息区、楼道等，是花卉装饰的重点区域。入口处雨棚是半开放的室内空间，宜选择耐阴植物，如棕竹、南洋杉，或大型盆栽植物如榕树，常以对称式布置在大门两侧。大厅中的花卉装饰应简洁明朗，根据空间大小位置，以选择大型花木为主。在客人不涉足的角落、沙发及楼梯旁可放置巴西木、春羽、棕竹、假槟榔等。在沙发茶几上可摆放小型秀雅的观叶植物；桌、柜上可置插花，如总台一角可放一盆插花，一般以色彩鲜艳、直立型或倾斜型作品为宜。在大堂墙角等处，可配以高脚花架，摆设龙舌兰、龟背竹等中型观叶植物，也可配以悬吊布置，如吊兰、鸭趾草、花叶常春藤等。相当一部分饭店则在大堂中间置一张造型别致的圆桌，桌面上可摆放色彩鲜艳的大瓶插花，为顾及四面观赏，多采用圆锥型插花，使人们从各个角度欣赏到它的艳丽。

（二）中庭

中庭位置各饭店不完全一样。花卉装饰布置要创造一种接近自然、回归自然的环境，其布置主要以绿化、水石、雕塑小品为主，如设有水景，其周围配备休息坐椅，常结合种植槽，槽内摆放盆花加以装饰；有的中庭用巨大盆缸栽乔木或采用与地面连接的栽种观叶植物；处于高耸的中庭空间向下俯视容易使人炫目而产生恐慌心理，故多数中庭习惯在回廊四周旁设置格栅，便于摆放藤蔓类的植物改善视角，增加安全感。

（三）客房

饭店标准间客房空余面积较少，以小型盆栽、盆景及插花为主。客房应创造宁静、安逸的气氛，不宜选用刺激的色彩，可选用文竹、兰花等，也可放置瓶花，但以简洁为宜。

套房内一般有独立的起居室，起居室中宜摆放鲜艳的花卉，空间较大的客厅，入口绿化装饰可以采用插花、盆景（五针松、罗汉松）等。墙角、柜旁、沙发旁、窗前也可放置大型花木，如龟背竹、橡皮树、巴西木等。起居室的茶几、桌面上宜摆放插花、花篮、瓶栽植物。若中式客房有博古架，可摆放盆景、东方式插花，来取得与环境的协调统一。

（四）会议室

宾馆、饭店常配有各类会议室，作为办公、会议之用。一般中小型的会议室，常规装饰是在角隅配置大型观叶植物，如散尾葵、发财树、南洋杉等，在会议环形桌中间的凹槽内，配置中型观花、观叶植物或随季节布置时令花卉，如一品红、瓜叶菊、万年青、西洋杜鹃等。若为平面型桌，配置矮小盆栽或插花。大型会议室，常在主会议桌上摆放 3～5 株小型盆花，如四季海棠、一品红等盆花饰品。在主会议桌前可摆放两排盆花，前低后高，前排宜用天门冬、吊兰、蕨类等这一类具有细小茂密枝叶的植物，可遮掩花盆。后排可根据季节不同，选择一品红、君子兰等时令花卉。而会议桌多为长方形、椭圆形、圆形，中间留出空的地面，适宜布置 3～5 盆较大观叶植物，可充实空间成为全室装饰的重点。

（五）餐饮厅

饭店餐饮部分包括餐厅、宴会厅、咖啡厅、酒吧等。这些场所对环境的要求是温暖而清馨的，墙面多以暖色为主，周围宜选用较大型的观叶植物，并用悬挂、攀缘等形式点缀些绿色，以增添情趣。

桌几上常用插花饰品作为重点装饰，长方形的桌几插花宜构成三角形，置于桌面纵向的中心线上，隔相等距离放同种花卉；圆形桌几上插花宜构成圆形或半球形，放于桌子中央。隆重的宴会，在桌面中间常摆鲜花或瓜果雕刻，周围铺设花围。花围一般用枝细、平整的枫叶、松针衬底，上有山茶、菊花、百合、丁香等鲜花形成均衡、规则的民族风格图案，以增加宴请的欢乐气氛。为突出主桌，主桌的台面插花通常是最为绚丽的。

二、会场的盆花装饰

(一) 政治性会场

要采用对称均衡的形式进行布置，显示出庄严和稳定的气氛，以常绿植物为主调，适当点缀少量色泽鲜艳的盆花，使整个会场布局协调，气氛庄重。

(二) 迎、送会场

选择比例相同的观叶、观花植物，配以花篮、插花，突出暖色基调，形成开朗、明快的场面。

(三) 节日庆典会场

要创造万紫千红、富丽堂皇的景象。选择色、香、形俱全的各种类型植物，并配以插花、花篮、盆景、悬垂花卉等，使会场气氛轻松、愉快、团结、祥和。

(四) 悼念会场

应以松柏类常青植物为主体，配以花圈、花篮，用规则式布置手法形成万古长青、庄严肃穆的气氛。

(五) 文艺联欢会场

多采用组合式手法布置，以点、线、面相连的手法装饰空间，选用植物可多种多样，内容丰富，布局高低错落，色调艳丽协调，使人感到轻松、活泼、亲切、愉快。

(六) 音乐欣赏会场

要求环境幽静素雅，以自然式手法布置，选择体形优美、线条柔和、色泽淡雅的观叶、观花植物，进行有节奏的布置，使花卉装饰艺术与音乐艺术融为一体。

三、盆花的室内陈设

(一) 客厅

客厅是多功能场所，可谓装饰重点，布置力求朴素、热情、美观。首先用大体型植物（如橡皮树、龙血树、变叶木、叶子花、龟背竹等）装饰墙角及沙发旁，也可设置花架，摆放盆花装饰墙角。茶几摆放盆景或瓶栽植物（水族箱、玻璃钟式花园、插花）。博古架，可分别摆放盆景、插花、根艺、石玩及收藏的陶瓷艺术品等。窗框上悬吊 1～2 株不同高度的蕨类植物或吊兰、常春藤、鸭跖草等。

(二) 卧室

卧室以冷色调为好，光线也不可太强，要求环境清雅、宁静、舒适，利于入睡，植物配置要和谐，少而精，多以 1～2 盆色彩素雅、株型矮小的植物为主，如文竹、吊兰、镜面草、冷水花、紫鹅绒等装饰。忌色彩艳丽，香味过浓，气氛热烈。

（三）书房

书房是以学习为主的场所，需要一个清静雅致、舒适的环境，内容要简洁大方，应选用体态轻盈、姿态潇洒、文雅娴静的植物，如文竹、兰花、水仙、吊金钱、吊兰等，摆放点缀于书桌、书架一角，或博古架上，形成浓郁的文雅气氛，给人以奋发向上的启示。

（四）餐厅

餐厅是家人每天团聚和用餐之处，其内花卉装饰宜简单和谐。可在中间位置摆放一两盆小型观花或观果植物。如冬季的水仙花、金橘；秋季的小菊、五色椒等。餐厅很适宜摆放插花，鲜活、洁净的插花作品不但美化了餐厅环境，而且有提高人们食欲的效果。果蔬插花常见于餐厅装饰。餐厅花卉装饰应注意盆花或插花均应尽量降低摆放位置，避免影响人们视线。

第五节　综合性花卉展览的设计与布置

举办综合性花卉展览，一般包括展览策划、场地的选择、总体规划、展区布置、市场营销、广告宣传、安全保卫等方面工作。大型花展的场地一般选择在交通便利、环境优美、便于集散的公园或展览馆内。花展的总体规划由组织者依据报名参展单位的多少，参展单位的展品类型和数量来进行花展场馆的划分以及参观路线的组织，从而规划出总体方案。场馆划分后，各参展单位所属的展区布置，则由参展单位自行完成。

在花展的各项工作中，展区设计与布置最为关键，因为花展设计和布置的效果直接影响到参观者的观赏兴致和艺术感受。花展设计布置是一门综合艺术，综合体现了园林植物栽培、园林规划设计、园林建筑、美术装潢设计等多门学科内容，同时也反映出当地的历史文化、传统习俗等内涵。花展的布置应运用一切可行的艺术手段和表现手法来烘托展品、渲染气氛，创造一个色彩和谐、品位高雅、布局合理、意境深远的艺术环境。花展的设计与布置主要包括：展区的总体布局与布展构思、展区的划分方法及展区的处理、观赏路线的组织、展区的分隔、布展的材料和道具、背景的处理几个方面。

一、展区的总体布局与布展构思

展区的布展构思与总体布局在整个展区布置中处于举足轻重的地位。在考虑展区总体布置方案时，首先应根据展出的意图、内容来确定布展的主导思想。根据现场的大小、形状、空间高度、周围环境等因素，按序曲、高潮、结尾3个段落规划出各分区的位置、规模及体量，并合理安排各分区间的衔接组合，确定参观路线。再根据层次的错落、疏密的结合、韵律的变化、构图的均衡、基调的统一、色彩的调和等原则对各分区的布展进行构思。最后综合考虑布展时的造景手法、材料选择、展台式样、背景处理、展品陈设、道具设计、标牌制作等布展细节。

布置风格是展览的基调。因此，根据展览的主题确定陈设的风格显得十分重要。如牡丹展览，往往体现其国色天香的内涵，加之牡丹又是我国的传统名花，其陈设大多以古色古香的风格定位，通过不同的陈设语言，展现牡丹历贫寒而显富贵的内涵。郁金香花展，体现其姹紫嫣红闹阳春的特色，加之又是"洋"花，其陈设大多采用中西结合、浪漫靓丽的风格定位。

二、展区的划分

参展单位展区内分区的划分，要根据现场的环境条件和人们的传统习惯，依照花展总体布局要求来进行。由于展区面积所限，一般以4～5个分区为宜，分区太少一览无余，给人以意犹未尽之感；分区太多又零星散乱，缺乏整体的和谐和气势。展区划分一般为门区、庭院景区、品种展区和1～2个专类或其他展区，如盆景展区、插花展区、根艺展区等。

1. 门区　主要包括花展简介、说明、导游路线等内容，在处理手法上应以营造气氛为主，格调简洁，气氛热烈，立即使游人产生共鸣，使参观者产生先睹为快的愿望。

2. 庭院景区　主要以中国传统的造园手法布置成景，小中见大以获山野之趣，返璞归真以得农家之乐。或采菊东篱，或小桥流水，或湖光山色，或农桑人家，或草亭溪径，或林下小酌，使人从都市的纷繁中解脱出来，给人以回归自然的感觉。在布置这一景区时构思要有意境，道具宜古朴，在花卉应用上一般以体现群体效果的小花为佳。

3. 品种展区　为整个花展的高潮区。展品多是最能体现花卉的形态特征、栽培最精心、长势最为良好的花卉品种。这一展区的布置以陈设布置为主。展台设计要有一定的层次，展出的花卉品种的单种体量要较大，各盆之间应有一定的距离，同时留给人们的空间也应较大，使参观者能够驻足仔细观赏。

4. 插花展区　此区布置与其他展区要相对独立。在布置手法上要线条简洁，色调明快。为了充分体现插花作品的艺术魅力，展台以白色为佳。展台的式样最好是高低错落，形状各异的几何图形。为了充分体现插花作品的艺术效果，插花展区可以只有插花作品而不在配置其他花卉或只在适当位置少量点缀观叶植物，环境的色彩处理上也不宜热烈，以免喧宾夺主。

5. 盆景展区　布展手法上宜古香古色，清新典雅，具有鲜明的民族特色。在布置展台时应仔细审视每件作品来发掘其艺术内涵，以选用相宜的几案、合适的摆放方向和陈设高度。一般长形盆配以长方几，圆形盆配鼓几或圆几，微型盆景陈设于博古架上，山石盆景宜放置于几案之上，高度以与人视线平或稍低为宜。陈设时展品的色彩上宜有所变化，将深色作品和浅色作品穿插陈设。另外，在展区内悬以书画、楹联，创造出高雅的民族文化氛围，起到烘托展品的作用。

6. 其他展区　在花卉展览布展时，有时还设有根艺、观赏鱼、奇石等展区。根艺展区的陈设，要依据作品体量、形态及内涵进行摆放。观赏鱼的陈设高度一般以鱼缸上部略低于人的视线为宜，使人们既可正面观赏又可从顶部观赏。布展时可用蜈蚣草、天门冬等枝叶纤细的观叶植物簇拥于展台及鱼缸底部进行衬托，渲染观赏鱼奇异的身姿及绚丽色彩。奇石展区布展要求简洁高雅，具有民族文化特点。奇石有其独特的艺术神韵，一般收藏者都配有华丽雅致的底座，宜陈设在传统的几案、博古架上。

7. 出口　是花卉展览的终点，布置上要耐人寻味，使人流连忘返，一般以庭院景区或盆景展区作为出口比较好布置。

三、展区的分隔

合理分隔展区空间，能起到增强景深，丰富景物，增加层次，以小见大的作用。展区空间经过虚实对比，抑扬开合，曲折变化的处理，使展区空间产生韵律节奏的变化，增强布展的艺术感染力。展区空间的分隔，既要有分隔又要有联系和过渡。在空间上如果采取互不关联生硬的分隔方法，各展区则给人以拼凑刻板的感觉；如果采用含混不清模糊的分隔方法，各展区则给人以杂乱无章的感觉。分隔材料可选用植物、纱、篱笆、树皮、博古架以及胶合板制成的景窗、景墙等，还可以因地制宜地选用其他材料。选择恰当的材料进行空间分隔能突出主题和渲染气氛，还能起到作为展品背景的作用。

四、观赏路线的组织

观赏路线的组织，首先要避免游人走回头路，造成拥塞。同时也要避免观赏路线过直，使游人一览无余，兴致索然。运用障景分隔空间使得道路弯曲迂回来增强景深、丰富层次并延伸观赏路线。沿道路弧线的切线方向是参观者视野的焦点。所以在安排组织观赏路线时应尽量使这一方向面对主要景点或展台。另外，沿观赏路线适量点缀一些花卉展品，起到引导过渡和衔接的作用。

五、背景的处理

在花卉的展台上采用舞台布景的手法处理背景，使花卉和背景所表现的风光景物等交融在一起，在视觉上能起到扩大空间、增加景深的作用。在盆景和插花展区则应选用单色的背景，以突出作品所表现的内涵。在背景的处理上可用风景画、纺织物、版面等，也可因地制宜地选用其他材料。背景的处理一定要巧妙构思，要有较深的意境，避免落入俗套。

第六节　大树的移栽与古树名木的保护

一、大树的移栽

(一) 移栽时期的选择

最佳移栽时期是早春和深秋。此时的树体地上部处于休眠状态，重修剪并结合带土球移栽，有利于提高成活率。若夏季移栽，由于树木蒸腾量大，移栽大树不易成活。若工程需要必须在盛夏移栽，则必须加大土球，并采取强修剪、遮阳、保湿等措施也可成活，但费用加大。

(二) 大树的处理

移栽大树必须做好树体的处理。落叶乔木应对树冠根据树形的要求进行重修剪，当年生枝全部去掉，或剪掉全部枝叶的 1/3～1/2；对生长快、树冠容易恢复的可进行去冠重剪。

带土球移栽者不用进行根部修剪，裸根移栽者应尽量多保留根系，并对根系进行整理，剪掉断根、枯根、栏根，短截无细根的主根，并加大树冠的修剪量。

常绿乔木移栽时树冠应尽量保持完整，只对一些枯死枝、过密枝和树干上的裙枝进行适当处理，根部要带土球移栽，不用修剪。

（三）大树挖掘和包装

挖掘大树时，土球直径一般为树干粗的 6～8 倍。挖掘时先按土球直径绕树划一圆圈，铲除表层土，再绕圆开沟。凡露出的根系，直径在 3 厘米以上者用锯切断，小根剪除，切口要平滑，大伤口涂漆防腐。用浸湿的粗麻布（将麻袋切开）、粗帆布、蒲包或草包等摊开，紧包土球，接口用扣钉钉牢，使其成为一个整体。如果土球较大，则必须用网绳加固，并用土球大小相当的网袋套在已包扎的土球外，在树木干基将网袋紧紧收拢捆牢。

（四）大树的运输和吊运

大树吊运一般采用起重机吊装或滑车吊装、汽车运输的办法完成。树木装进汽车时，要使树冠向着汽车尾部，根部靠近司机室。树干包上柔软材料放在木架上，用软绳扎紧，树冠也要用软绳适当缠拢，土球下垫木板，然后用木板将土球夹住或用绳子将土球缚紧在车厢两侧。一般一辆汽车只吊运 1 株大树，若需装多株时要尽量减少互相影响。

（五）大树的定植

根据移栽大树的规格挖好定植穴，定植穴的大小和深度要大于根幅和根深，大树运到后必须尽快定植，定植时按照施工要求，按树种分别将大树轻轻斜吊于定植穴内，撤除缠扎树冠的绳子，配合吊车，将树冠立起扶正，仔细审视树形和环境，移动和调整树冠方位，将最美的一面向空间最宽最深的一方，要尽量符合原来的朝向，栽植深度以原来土壤处为宜，然后撤除土球外包扎的绳包（草片等易烂的软包装可不撤除，以防土球散开），分层夯实，把土球全埋于地下。做好拦水树盘，灌透水。

（六）大树移栽后的管理

大树移栽后必须进行树体固定，一般采用 3 根支架固定法，以确保大树稳固，有利于根系生长。大树移栽后立即灌一次透水，保证树根与土壤紧密结合，促进根系发育。在气温较高的季节要注意遮阳防晒，根部连续灌水 3 次，灌水后及时用细土或地膜覆盖树坑保墒及防止土表开裂；冬季要用草绳绕干防寒。

二、古树名木的保护

（一）古树名木的含义

古树名木一般系指在人类历史发展进程中保存下来的年代久远或具有重要科研、历史、文化价值的树木。古树名木分为一级、二级和三级。凡树龄在 500 年以上，或者特别珍贵稀有，具有重要历史价值和纪念意义，以及重要科研价值的古树名木为一级古树名木；300～499 年为二级古树名木；100～299 年为三级古树名木。

（二）古树名木衰老及死亡的原因

1. 内因　古树名木的树龄高、自身生理机能下降和树势减弱，再加上树型较高大，树干大多木质腐朽，树干中空，很容易被风吹折。而且抗病虫害侵染力低，抗风雨侵蚀力弱，这是其衰弱的内因所在。

2. 外因

(1) 人为因素　这是导致古树名木衰老死亡最重要的原因。常见的人为因素主要有以下几种情况：①地面过度践踏：公园或风景名胜区等园林绿地中游人多，地面被大量反复践踏，使其土壤密实度过高，土壤板结，树木根系正常生长受到抑制。②地面铺装面过大：由于园林工程上的需要或一味追求美观，在树干周围地面用水泥砖或其他材料过度铺装，使树池较小，造成地下与地上气体交换困难，使古树根系不能正常呼吸。③一些不文明行为：如在树体上刻画，攀树折枝，剥损树皮，动用明火，排放烟气或长期堆放杂物等，造成古树名木生长势下降，枝条衰弱。④擅自移植：如许多地方近几年采用"大树搬家"、"古树进城"的办法，以提高城市中新建园林绿地的品位与档次，致使许多珍贵的古树在挖掘、搬运、移植过程中造成严重的生长不良甚至死亡。

(2) 自然因素　暴雨、台风、大雪、雷电等灾害性天气，均会给古树名木造成伤害，轻者影响古树冠形，重则造成断枝和倒伏，很难恢复到原来的状态。

(三) 古树名木的日常养护措施

1. 支撑加固　古树由于年代久远，主干或中空或腐朽，造成树冠失去均衡，树体容易倾斜。故需要用钢管支撑加固，钢管下端用混凝土基加固，干裂的树干用扁钢箍起。

2. 树洞修补　可以采取以下两种办法：

(1) 开放法　将洞内腐烂的木质部分彻底清除，直至露出新的组织为止，用药剂消毒并涂防护剂。

(2) 封闭法　树洞经处理消毒后，在洞口表面钉上板条，以安装玻璃用的腻子封闭，再涂以白灰乳胶，还可以在上面压树皮状纹或钉上一层真树皮，以起到美观的作用。

3. 设避雷针　古木高耸且电荷量大，易遭雷电袭击。所以，高大的古树应安装避雷装置，以防雷击。

4. 整枝修剪　对古树名木修剪，应由有关技术人员制定修剪方案，报主管部门批准后实施。修剪应以基本保持原有树形为原则，必要时也要适当整形，以利通风透光，减少病虫害，促进更新复壮。

5. 防治病虫害　每年3月中旬及时杀灭天牛，5月注意防治蚜虫、红蜘蛛，7月注意树干害虫危害。

6. 设围栏、加强保护　古树名木应设置保护围栏。围栏一般距树干2～3米，特殊立地条件无法达到要求的，以人摸不到树干为最低要求。

(四) 古树名木的复壮措施

1. 深耕松土　操作范围应比树冠宽大，深度要求在40厘米以上。

2. 地面铺植草砖和草皮　在人为活动较多的地面铺置特制的植草砖，砖与砖之间不勾缝，留有通气道。

3. 挖复壮沟　复壮沟施工位置在古树树冠投影外侧，和树冠平行，沟内填充有复壮基质、各种树条、增补营养元素等。

4. 换土　在树冠投影范围内，对大的主根进行换土。挖土时深挖0.5米，并随时将暴露出来的根用浸湿的草袋子盖上,以原来的旧土与砂土、腐叶土、大粪、锯末、少量化肥混合均匀之后填埋其上。此法简单易行,值得推广。

5. 灌、注助壮剂　由稀土元素配制而成的助壮剂无毒、无副作用,采用灌根、形成层插针吊瓶,及对树干或较大枝斜向钻孔,以专用喷雾器将药液和营养液注入孔内,然后封口,能促进古树生长,提高古树生长势。

6. 嫁接　在古树名木附近栽植同品种小树3~8株,用靠接法或腹接法进行嫁接,可达到更新树根的目的。

第七节　几种名贵(或畅销)花卉栽培技术

一、蝴 蝶 兰

1. 生态习性　性喜温暖、湿润、半阴的环境。生长最适温度为白天22~28℃,夜间为18~20℃。相对湿度70%~80%。苗期所需光照在10 000勒克斯以下,中期在10 000勒克斯左右,花期15 000~20 000勒克斯或更高。

2. 培养基质　常用透水性较强的材料,如水苔、泥炭苔、木炭、椰子纤维、蛭石、珍珠岩等。目前生产中主要用水苔栽植,也可用碎石、木炭、蛇木屑各1/3混合后为填料。钵底铺一层保丽龙,以免浇水后钵底积水。

3. 盆钵的选择　蝴蝶兰栽培宜选用不透明的容器。目前以塑胶盆多见,容器的大小应视植株大小决定,用6~8cm口径的盆栽培大苗比较适合。

4. 栽培管理

(1) 温度　夏季室温控制在20~28℃,室内通风良好。冬季大苗室温最低应保持在18℃以上,小苗以22℃以上为好。

(2) 湿度与浇水　蝴蝶兰适宜生长在高温多湿环境中,空气湿度保持在70%~80%。浇水不宜过多,应遵循“干透浇透”的原则,但要防止基质过分干燥。水源最好用干净的井水、河水、雨水,EC值0.3毫西/厘米以下。

(3) 光照　对光照的需求量因不同时期而异。苗期需光量最小,应控制在10 000勒克斯以下;刚出瓶小苗光照不可太强,保持2 000~3 000勒克斯,根系不好的,光度须更暗,必要时遮光处理,缓苗后期逐渐提高,生长中期开始加大,花期可达15 000~20 000勒克斯或更高。

(4) 施肥　小苗期氮、磷、钾肥比例为20∶10∶10或20∶20∶20。大苗期肥料氮、磷、钾比例为30∶10∶20。催花用肥料氮、磷、钾比例为19∶45∶19或10∶30∶20。从抽花梗到开花约需90天左右,在催花前1~2个月先补充氮肥。

二、大 花 蕙 兰

1. 生态习性　性喜温暖、湿润的环境,夏季需一段时间处于冷凉状态才能使花芽顺利分化,不耐寒,稍喜阳光,忌阳光直射。

2. 栽培基质的配制　常用的配制材料有水苔、细蛇木屑、发泡炼石、碎石、砖块、泥炭土、椰块等，可参考以下配方：①粗腐叶土与椰块各 50%；②椰块 40%＋泥炭粗枝30%＋碎石 30%；③椰块 40%＋泥炭土 40%＋碎石 20%。

3. 栽培管理

(1) 幼苗期　瓶苗移出后种于穴盘时，先将每株小苗根部用水苔包裹，其目的是为了保持其湿润，增加种植后的移植程度。此期，肥料要求钾肥较高，等新根扎稳之后，肥料氮、磷、钾比例改为 15：15：30。穴盘苗培育时间需 6~8 个月，在此期间一定要注意浇水均匀。

(2) 中苗期　穴盘苗经过半年左右的时间上口径 10 厘米软盆。栽培基质配制为小椰块：腐叶土＝1：2 或蛇木屑：腐叶土＝1：1 或椰块 40%＋泥炭粗枝 30%＋碎石 30%。此期施肥仍以 15：15：30 为准。在高温季节一定要注意通风良好，否则易患炭疽病。口径 10 厘米盆栽培时间一般为 1 年至 1 年半。

(3) 成株苗期　经过一定时期的中苗期，需换入口径 13 厘米软盆。此期开始进行成株苗培育，成株苗培育约需 1 年时间。栽培基质可选用以上的参考配方。换上口径 13 厘米盆后，植株逐渐长成一枚 3~4 厘米的假球茎，此时间球茎上叶片生长已经停止，而由假球茎基部冒出新芽，一般 2~4 个不等。成株苗侧芽数的控制是栽培大花蕙兰的一个关键。理想的操作是每一个假球茎保留两芽即可。疏芽的最佳时期为芽长至 5 厘米高时，留芽原则为：①新芽左右对称且位置正中；②留下的芽壮实强健，发育良好；③只留春芽，不留秋芽。

(4) 成品　此次换盆通常使用口径 16~20 厘米的素烧盆或硬质塑胶盆，也可用软盆。一般采用锌管床架式摆放，将软盆套进硬盆内，再用锌管将硬盆夹住，硬盆离地 60 厘米左右对生长管理非常有利。

三、竹芋科观叶植物

1. 生态习性　竹芋喜温暖、湿润和光线明亮的环境，不耐寒，也不耐旱，怕烈日暴晒，若阳光直射会灼伤叶片，要求土壤排水良好。

2. 常见品种　有三色竹芋、紫背竹芋、天鹅绒竹芋、浪星竹芋、美丽竹芋、箭羽竹芋、圆叶竹芋、豹纹竹芋、孔雀竹芋等。

3. 培养土的配制　要求疏松、排水良好、富含腐殖质的酸性土壤。用腐叶土、泥炭及砂配制而成，每隔一年换盆一次。

4. 环境温、湿度和光照管理

(1) 温度　适宜温度为 20~25℃，冬季温度低于 15℃时植株停止生长，若长时间低于 13℃叶片就会受到冻害，因此，越冬温度最好不低于 13℃。盛夏当气温超过 35℃时对叶片生长不利，应注意通风、喷水进行降温，使植株有一个凉爽湿润的环境。

(2) 湿度　由于竹芋叶片较大，水分蒸发快，对空气湿度要求较高，若空气湿度不够，叶片会立刻卷曲，应经常向植株喷水，室内栽培空气湿度必须保持在 70%~80%。

(3) 光照　喜光线明亮的环境，不能过于荫蔽，否则，会造成植株长势弱，某些斑叶品种叶面上的花纹减退，甚至消失，最好放在光线明亮又无直射阳光处养护。

5. 水肥管理　春末夏初是新叶的生长期，每10天左右施一次腐熟的稀薄液肥或复合肥，夏季和初秋每20～30天施一次肥，施肥时注意氮肥含量不能过多，否则会使叶片无光泽，斑纹减退，一般氮、磷、钾比例为2：1：1，以使叶色光亮美丽，具有较高的观赏价值。冬季多接受光照，停止施肥，适当减少浇水，保持盆土不干燥即可，等春季长出新叶后再恢复正常管理。

四、凤梨科观叶植物

凤梨科植物适应的气候条件较广，易栽培。依其附生或是陆生的特性，种植在标准的盆土中或是排水良好的混合有机基质中，总之要保持土壤湿润，持水杯状结构内有水。需肥较其他室内观叶植物少，每月一次稀薄肥即可。附生的种类可以向杯状结构内灌水与施肥。水质对凤梨生长有很大影响，要求 pH 5.5～6.5 的微酸性水，忌钙、钠、氯离子，水的 EC 值在 0.1～0.6 为好。施肥以氮：五氧化二磷：氧化钾＝1.0：0.5：0.5 为佳，凤梨对铜、锌敏感，施肥时必须注意。一般叶色鲜艳、叶片薄软者较喜阴。叶有灰白鳞片，叶片厚、硬的种类，宜植全光下。因属一次结果植物，茎 1～2 年后死亡，但基部可产生几个萌蘖枝，待其生长高达 20 厘米左右即可与母株切断，植水苔或水苔藓中促其生根或用种子繁殖，将种子播于湿润消毒的基质中，置于散射光下，温度保持在 18～21℃，使其萌发。小苗不宜多次移植，培育良好的实生苗 3 年可开花。

五、红　掌

1. 生态习性　原产热带雨林，喜温暖、潮湿和半阴的环境。生长适宜温度 25～28℃，冬季越冬温度不可低于 18℃。喜多湿环境条件，但忌灌水过多和积水，空气相对湿度宜在 80％～85％之间。对土壤和水质要求较严，宜疏松肥沃、排水良好的腐殖质土，pH 在 5.5～6.0。

2. 栽培管理

（1）切花栽培

①定植：花烛的栽培基质必须要有良好的透气性。南方地区可以选用木泥炭、草炭土、珍珠岩，按 2：1：2 的配合比例，栽培效果较好；北方地区一般用腐烂后的松针土或花泥。定植前应对基质进行消毒。定植株行距为 40 厘米×50 厘米，每平方米约 4 株，每 667 米² 温室用苗量 1 500～1 700 株。

②生长期间温度、湿度、光照的调节：生长适温为日温 25～28℃，夜温 20℃。温度过高时，应加强通风，温度低于 15℃以下，要注意采取防寒措施。夏季遮光率控制在 75％～80％，阴天时，应卷起遮阳网，增加光照。

③肥水管理：栽培花烛应以追肥为主。基肥的施用应在种植前将骨粉、麻酱渣等与基质充分混合施入。在植株不同生长发育时期，氮、磷、钾吸收比例不同，成龄植株氮、磷、钾施用比分别为 7：1：10，开花期氮、磷、钾的吸收量高于营养生长期。追肥方式

以每天喷施1次MS培养基大量元素与微量元素100倍稀释液，每周用1000倍复合肥液作根部浇灌。

④植株管理：生长期间需定期摘除植株的老叶，以促进植株间的空气流通，减少病害的发生。剪叶时，先用70％的酒精对刀具彻底消毒。一般每月剪叶1次，水平叶少留，垂直叶多留。

⑤增添栽培基质：随着植株的生长，老茎逐年增高，为使植株稳固于基质中，不产生侧向倾斜，须每年增添1～2次栽培基质。否则，产生侧向倾斜后，叶片与花茎不能挺直生长，切花品质降低。

⑥切花采收：当佛焰苞花色充分展现，肉穗花序有1/3变色，为适宜采收期，过早、过晚均对瓶插寿命有不利影响。在理想的栽培条件下，高产品种每株年产花可达12枝以上。花烛水养持久，在13℃条件下可贮藏3～4周。

(2) 盆栽　矮生花烛多行盆栽，盆土可用泥炭或腐叶土加腐熟马粪与适量珍珠岩混合，盆底垫砾石、瓦片，保持通气、排水。浇水以滴灌为主，结合叶面喷灌。生长季节应薄肥勤施，可以随水滴灌或叶面喷施。花烛对氮、钾肥的需求较高，成株氮、钾施用量分别为磷的7倍和10倍。

六、杜 鹃 花

1. 生态习性　杜鹃花属中性花卉，性喜凉爽、湿润、半阴环境，忌高温炎热，烈日暴晒。喜富含腐殖质的酸性土，pH 5.0～6.5。

2. 繁殖方法　以扦插或嫁接繁殖。扦插适宜季节为春、秋两季，选用当年生绿枝或结合修剪硬枝插，插穗应生长健壮，无病虫害，长5～10厘米，摘去下部叶片，留4～5片上部叶片，插入蛭石或细沙中，插入深度为插穗的1/2～1/3。在半阴条件，喷雾保湿培养1个月可生根。杜鹃嫁接在春、夏两季较为适宜。砧木要与接穗有较强的亲和力，多用毛鹃为砧木，径粗0.6～0.8厘米。接穗径粗与砧木接近或略小，长度在3～7厘米。用劈接或腹接方法，使形成层对齐，绑扎紧实后，套塑料袋保湿，2个月后去袋，次春去绑条。

3. 杜鹃的栽培管理

(1) 培养土　一般选用腐叶土、园土、河沙三者混合，适当加入酸性的油渣、鸡粪等，也可施入0.5％硫酸亚铁水溶液，提高土壤酸性。

(2) 浇水　如果用井水应选用含盐量低的或经软化处理后使用。若用自来水，应在水缸等容器内贮存数天，等氯气挥发后使用。一般每隔2天浇1次水，夏季炎热时1天浇1次。应注意：每隔10～15天施0.5％的硫酸亚铁溶液。

(3) 施肥　1～3月渐施较淡的肥，促其萌发新梢叶；4～5月间是杜鹃发育旺盛期，需肥较多，可以1周左右施1次，6月休眠期需肥少，应停止施肥，7、8月进入秋季生长期，可每周1次；9月中旬后无须施肥，直至12月份可稍施基肥。一般施用腐熟的饼肥、鱼粉等掺水浇灌较为适宜。

(4) 夏季管理　杜鹃最适宜生长的温度是白天18～25℃。入夏之后，气温逐渐上升，当温度升到30℃以上时，就要遮阳，可将植株移到荫棚下或北阳台及室内阴凉通风的环境下养护（晚间将其放到室外），并经常向叶片喷水或向花盆周边洒水以增加空气湿度，降低温度，人工创造其适宜的生长环境。夏季管理还要注意加强通风，经常松土。

（5）秋冬季管理 立秋以后气候渐趋凉爽，温湿度适宜于杜鹃生长，杜鹃进入旺盛生长期，此期主要是肥水管理。水要掌握不干不浇，浇则浇透的原则；肥以磷钾肥为主，满足杜鹃在此时的生长和孕蕾的需要，7～10天1次，10月以后停止施肥，以防秋冬季萌发嫩枝不利越冬。当气温下降到8℃以下时，即霜降前搬回室内放在南窗附近，也可以移到向阳的封闭阳台上养护。当养护环境的温度下降到零度以下时，需给越冬的杜鹃加温保温，否则就会受到冻害。冬季越冬休眠的植株室温切勿过高，以不低于5℃为宜，盆土应见干见湿。冬季观花的植株室温以10～15℃为宜。

七、仙 客 来

1. 生态习性 性喜凉爽、湿润气候，喜光，但忌强光直射。生长适宜温度为15～25℃。高于30℃生长不良或植株进入休眠状态。花芽分化期适宜温度为13～18℃，高于20℃引起花芽败育，夜温低于5～6℃时难于形成花芽。喜富含腐殖质、排水良好的中性或微酸性土，pH 5.5～6。

2. 繁殖方法 用种子繁殖简便易行，繁殖率高。因新品种生育周期缩短，为元旦和春节开花上市，大花品种一般9～10月播种，小花品种1月播种。

（1）播种基质 为90%过筛的灰泥炭＋10%细沙混合，或泥炭∶珍珠岩∶蛭石＝1∶1∶1，pH 5.6～5.8，每方基质中加入500克15-15-30的NPK肥。

（2）浸种催芽 为促使发芽整齐，缩短发芽时间，播种前应用清水浸种24小时催芽，或用30℃水浸种2～3小时，冲掉种子表面的黏着物，包在湿纱布中，置于25℃中放置2天，待种子萌动后播种，则发芽期比不处理缩短一半时间。

（3）播种方法 播种用育苗盘、浅盆或木箱，将土整平后，浇透水，按1.5厘米×1.5厘米的株行距点播，然后覆土约5毫米左右，用浸盆法灌水，上覆不透光的黑塑料薄膜，放在室内不见光的黑暗处，保持盆土湿润。种子发芽适宜温度18～20℃，超过25℃、低于15℃发芽迟缓，待萌芽后逐渐增加光照。

（4）分苗时间 待幼苗长出3片真叶时进行分苗。分苗不能太迟，否则影响仙客来以后的生长发育。

3. 栽培管理

（1）移植和上盆 待播种苗长出一片真叶时进行移苗，小球带土移植于培养钵中。移植时大部分块茎应埋入土中，只留顶端生长点部分露出土面。移植后灌水不宜过多，以保持表土稍湿润为好。1个月后松土，每隔两周施氮肥一次。翌年1～2月，小苗长至3～5片叶子时，移植于口径10厘米盆内。此时，块茎顶端稍露出土面，盆土不必压实，保持表土湿润。结合浇水每周施氮肥一次，使叶片生长健壮。

（2）生长期管理 3～4月翻盆，块茎顶露出土面1/3。翻盆后喷水2次，使盆土湿透。此时开始加强肥水管理，并逐渐增加钾肥浓度，促使植株生长茂盛。4月底气温升高，中午遮阳以避免叶片晒焦发黄，浇水宜在上午进行，最好采用滴灌方式。盆土水分供应需均衡。

（3）花期管理　10月下旬进入室内养护，11～12月可开花。为使花蕾繁茂，在现蕾期间需给以充足的阳光，保持温度在10℃以上，并增施磷肥，加强肥水管理，注意防止肥水沾到块茎顶部而造成腐烂。同时，发叶过密时可适当稀疏，以使营养集中，开花繁多。在温室内保持光照充足，通风良好。

第五章　职业道德与法律法规

第一节　道德与职业道德

一、道德的概念、特征及其作用

（一）道德的概念与内涵

"道德"一词最早见于我国战国时期的《荀子·劝学》中，它的意思是说：一个人学习了礼，并按照它的要求去做，就具备了最高道德。在古代书籍中，"道德"一词被广泛应用，一直流传至今。我们现在所说的道德，是社会意识形态之一，主要是指人们应当遵循的行为准则或规范。道德是社会向人们提出的处理人和人、个人和社会、个人和自然之间各种关系的行为规范。道德是以善恶作为评价人与事的标准，它依靠社会舆论、传统习惯和人们的内心信念来维系的，是非强制性的。

道德是人类社会生活中所特有的，是对人的社会性的自我约束和心理约束意识。不同的社会可以有不同的道德标准，但是任何一个社会的道德标准都是以维护社会的正常运转秩序为目的。对道德的维护，实际上就是对人的社会性的维护。需要从宗教、教育和国家机器的作用多方面来实现。

道德是社会物质条件的反映，是由一定的社会经济基础所决定的一种社会意识形态。社会经济基础的性质决定各种社会道德的性质，有什么样的经济基础，就有什么样的社会道德。

（二）道德的特征

道德具有以下五个特征：一是道德具有特殊的规范性。道德与哲学、艺术、政治规范、法律规范一样，都属于上层建筑，但道德是以各种规范的方式存在，道德就是由各种各样的规则组成的规范体系。二是道德具有渗透社会生活的广泛性。道德存在于社会生活的各领域、各种社会关系中，贯穿于人类社会发展的各种形态。三是道德具有发展的历史继承性。道德与其他上层建筑一样具有发展的一面，但又有与历史相联系、固定的一面。四是道德具有精神内容和实践内容的统一性。道德区别于其他社会意识的根本特征就在于它是一种实践精神，道德存在于人们的意识之中，又表现在人们的现实生活之中，它通过人们处理各种复杂的社会关系表现出来。五是道德在阶级社会具有阶级性。道德是一定社会、一定阶级的人们提出的，处理人与人、个人与社会之间各种关系的一种特殊行为规范，如农民的道德与地主的道德不同，无产阶级的道德与资产阶级的道德不同。

（三）道德的作用

道德对于调整人际关系，维护正常的社会秩序具有重要作用。道德对社会关系有调节作用。这种调节作用主要靠教育的力量、社会舆论的力量和个人内心信念的力量。道德的特点是强调自觉和自律，通过运用教育的手段约束人的动机，它不仅规范人的外部行为，还要求人们行为动机的高尚和善良；道德对经济基础的形成、巩固和发展有巨大的推动作用；道德对发展科学技术和社会生产力有促进作用；道德在阶级社会是阶级斗争的重要工具。

二、职业道德

（一）职业道德的含义

所谓职业道德，就是同人们的职业活动紧密联系的符合职业特点所要求的道德准则、道德情操与道德品质的总和。

首先，在内容方面，职业道德总是要鲜明地表达职业义务、职业责任以及职业行为上的道德准则。它不是一般的反映社会道德和阶级道德的要求，而是要反映职业、行业以至产业特殊利益的要求；它不是在一般意义上的社会实践基础上形成的，而是在特定的职业实践的基础上形成的，因而它往往表现为某一职业特有的道德传统和道德习惯，表现为从事某一职业的人们所特有的道德心理和道德品质。

其次，在表现形式方面，职业道德往往比较具体、灵活、多样。它总是从本职业的交流活动的实际出发，采用制度、守则、公约、承诺、誓言、条例，以至标语口号之类的形式，这些灵活的形式既易于为从业人员所接受和实行，而且易于形成一种职业的道德习惯。

再次，从调节的范围来看，职业道德一方面是用来调节从业人员内部关系，加强职业、行业内部人员的凝聚力；另一方面，它也是用来调节从业人员与其服务对象之间的关系，用来塑造本职业从业人员的形象。

最后，从产生的效果来看，职业道德既能使一定的社会或阶级的道德原则和规范"职业化"，又能使个人道德品质"成熟化"。职业道德虽然是在特定的职业生活中形成的，但它决不是离开阶级道德或社会道德而独立存在的道德类型。任何一种形式的职业道德，都在不同程度上体现着阶级道德或社会道德的要求。职业道德与各种职业要求和职业生活结合，具有较强的稳定性和连续性，形成比较稳定的职业心理和职业习惯。

（二）职业道德的特征

1. 职业道德具有适用范围的有限性　每种职业都担负着一种特定的职业责任和职业义务。由于各种职业的职业责任和义务不同，从而形成各自特定的职业道德的具体规范。

2. 职业道德具有发展的历史继承性　由于职业具有不断发展和世代延续的特征，不仅其技术世代延续，其管理的方法、与服务对象打交道的方法，也有一定的历史继承性。

3. 职业道德表达形式多种多样　由于各种职业道德的要求都较为具体、细致，因此其表达形式多种多样。

4. 职业道德兼有强烈的纪律性　纪律也是一种行为规范，但它是介于法律和道德之间的一种特殊的规范。它既要求人们能自觉遵守，又带有一定的强制性。就前者而言，它具有道德色彩；就后者而言，又带有一定的法律色彩。就是说，一方面遵守纪律是一种美德，另一方面，遵守纪律又带有强制性，具有法令的要求。因此，职业道德有时又以制度、章程、条例的形式表达，让从业人员认识到职业道德又具有纪律的规范性。

（三）职业道德的作用

职业道德是社会道德体系的重要组成部分，它一方面具有社会道德的一般作用，另一方面又具有自身的特殊作用，具体表现在：

1. 调节作用　职业道德的基本职能是调节职能。它一方面可以调节从业人员内部的关系，即运用职业道德规范约束职业内部人员的行为，促进职业内部人员的团结与合作；另一方面，职业道德又可以调节从业人员和服务对象之间的关系。

2. 有助于维护和提高本行业的信誉　一个行业、一个企业的信誉，也就是它们的形象、信用和声誉，是指企业及其产品与服务在社会公众中的信任程度。提高企业的信誉主要靠产品的质量和服务质量，而从业人员职业道德水平高是产品质量和服务质量的有效保证。

3. 促进本行业的发展　行业、企业的发展有赖于高的经济效益，而高的经济效益源于高的员工素质。员工素质主要包含知识、能力、责任心三个方面，其中责任心是最重要的。而职业道德水平高的从业人员其责任心是极强的，因此，职业道德能促进本行业的发展。

4. 有助于提高全社会的道德水平　职业道德是整个社会道德的主要内容。职业道德一方面涉及每个从业者如何对待职业，如何对待工作，同时也是一个从业人员的生活态度、价值观念的表现；另一方面，职业道德也是一个职业群体，甚至一个行业全体人员的行为表现，如果每个行业、每个职业群体都具备优良的道德，对整个社会道德水平的提高肯定会发挥重要作用。

第二节　相关法律法规基础

一、中华人民共和国农业法（节选）

《中华人民共和国农业法》是 1993 年 7 月 2 日第八届全国人民代表大会常务委员会第二次会议通过颁布施行的，2002 年 12 月 28 日第九届全国人民代表大会常务委员会第三十一次会议予以修订。

● 第三章　农业生产

● 第十五条　县级以上人民政府根据国民经济和社会发展的中长期规划、农业和农村经济发展的基本目标和农业资源区划，制定农业发展规划。

● 省级以上人民政府农业行政主管部门根据农业发展规划，采取措施发挥区域优势，促进形成合理的农业生产区域布局，指导和协调农业和农村经济结构调整。

● 第十六条　国家引导和支持农民和农业生产经营组织结合本地实际按照市场需求，调整和优化农业生产结构，协调发展种植业、林业、畜牧业和渔业，发展优质、高产、高效益的农业，提高农产品国际竞争力。

● 种植业以优化品种、提高质量、增加效益为中心，调整作物结构、品种结构和品质结构。

● 加强林业生态建设，实施天然林保护、退耕还林和防沙治沙工程，加强防护林体系建设，加速营造速生丰产林、工业原料林和薪炭林。

● 加强草原保护和建设，加快发展畜牧业，推广圈养和舍饲，改良畜禽品种，积极发展饲料工业和畜禽产品加工业。

● 渔业生产应当保护和合理利用渔业资源，调整捕捞结构，积极发展水产养殖业、远洋渔业和水产品加工业。

● 县级以上人民政府应当制定政策，安排资金，引导和支持农业结构调整。

● 第十七条　各级人民政府应当采取措施，加强农业综合开发和农田水利、农业生态环境保护、乡村道路、农村能源和电网、农产品仓储和流通、渔港、草原围栏、动植物原种良种基地等农业和农村基础设施建设，改善农业生产条件，保护和提高农业综合生产能力。

● 第十八条　国家扶持动植物品种的选育、生产、更新和良种的推广使用，鼓励品种选育和生产、经营相结合，实施种子工程和畜禽良种工程。国务院和省、自治区、直辖市人民政府设立专项资金，用于扶持动植物良种的选育和推广工作。

● 第十九条　各级人民政府和农业生产经营组织应当加强农田水利设施建设，建立健全农田水利设施的管理制度，节约用水，发展节水型农业，严格依法控制非农业建设占用灌溉水源，禁止任何组织和个人非法占用或者毁损农田水利设施。

● 国家对缺水地区发展节水型农业给予重点扶持。

● 第二十条　国家鼓励和支持农民和农业生产经营组织使用先进、适用的农业机械，加强农业机械安全管理，提高农业机械化水平。

● 国家对农民和农业生产经营组织购买先进农业机械给予扶持。

● 第二十一条　各级人民政府应当支持为农业服务的气象事业的发展，提高对气象灾害的监测和预报水平。

● 第二十二条　国家采取措施提高农产品的质量，建立健全农产品质量标准体系和质量检验检测监督体系，按照有关技术规范、操作规程和质量卫生安全标准，组织农产品的生产经营，保障农产品质量安全。

● 第二十三条　国家支持依法建立健全优质农产品认证和标志制度。

● 国家鼓励和扶持发展优质农产品生产。县级以上地方人民政府应当结合本地情况，按照国家有关规定采取措施，发展优质农产品生产。

● 符合国家规定标准的优质农产品可以依照法律或者行政法规的规定申请使用有关的标志。符合规定产地及生产规范要求的农产品可以依照有关法律或者行政法规的规定申请使用农产品地理标志。

● 第二十四条　国家实行动植物防疫、检疫制度，健全动植物防疫、检疫体系，加强对动物疫病和植物病、虫、杂草、鼠害的监测、预警、防治，建立重大动物疫情和植物病虫害的快速扑灭机制，建设动物无规定疫病区，实施植物保护工程。

● 第二十五条　农药、兽药、饲料和饲料添加剂、肥料、种子、农业机械等可能危害人畜安全的农业生产资料的生产经营，依照相关法律、行政法规的规定实行登记或者许可制度。

● 各级人民政府应当建立健全农业生产资料的安全使用制度，农民和农业生产经营组织不得使用国家明令淘汰和禁止使用的农药、兽药、饲料添加剂等农业生产资料和其他禁止使用的产品。

● 农业生产资料的生产者、销售者应当对其生产、销售的产品的质量负责，禁止以次充好、以假充真、以不合格的产品冒充合格的产品；禁止生产和销售国家明令淘汰的农药、兽药、饲料添加剂、农业机械等农业生产资料。

二、中华人民共和国农业技术推广法

《中华人民共和国农业技术推广法》是 1993 年 7 月 2 日第八届全国人民代表大会常务委员会第二次会议通过，并颁布施行的。

《中华人民共和国农业技术推广法》中与农业技术推广与指导有关的条款包括：

第四条规定：农业技术推广应当遵循下列原则：有利于农业的发展；尊重农业劳动者的意愿；因地制宜，经过试验、示范；国家、农村集体经济组织扶持；实行科研单位、有关学校、推广机构与群众性科技组织、科技人员、农业劳动者相结合；讲求农业生产的经济效益、社会效益和生态效益。

第五条规定：国家鼓励和支持科技人员开发、推广应用先进的农业技术，鼓励和支持农业劳动者和农业生产经营组织应用先进的农业技术。

第十二条规定：农业技术推广机构的专业科技人员，应当具有中等以上有关专业学历，或者经县级以上人民政府有关部门主持的专业考核培训，达到相应的专业技术水平。

第十七条规定：推广农业技术应当制定农业技术推广项目。重点农业技术推广项目应当列入国家和地方有关科技发展的计划，由农业技术推广行政部门和科学技术行政部门按照各自的职责，相互配合，组织实施。

第十八条规定：农业科研单位和有关学校应当把农业生产中需要解决的技术问题列为研究课题，其科研成果可以通过农业技术推广机构推广，也可以由该农业科研单位、该学校直接向农业劳动者和农业生产经营组织推广。

第十九条规定：向农业劳动者推广的农业技术，必须在推广地区经过试验证明具有先进性和适用性。向农业劳动者推广未在推广地区经过试验证明具有先进性的适用性的农业技术，给农业劳动者造成损失的，应当承担民事赔偿责任，直接负责的主管人员和其他直接责任人员可以由其所在单位或者上级机关给予行政处分。

三、中华人民共和国科学技术普及法

《中华人民共和国科学技术普及法》是 2002 年 6 月 29 日第九届全国人民代表大会常务委员会第二十八次会议通过，并颁布施行的。

《中华人民共和国科学技术普及法》中与农业技术推广与指导有关的条款包括：

第八条规定：科普工作应当坚持科学精神，反对和抵制伪科学。任何单位和个人不得以科普为名从事有损社会公共利益的活动。

第二十条规定：国家加强农村的科普工作。农村基层组织应当根据当地经济与社会发展的需要，围绕科学生产、文明生活，发挥乡镇科普组织、农村学校的作用，开展科普工作。

各类农村经济组织、农业技术推广机构和农村专业技术协会，应当结合推广先进适用技术向农民普及科学技术知识。

第三十条规定：以科普为名进行有损社会公共利益的活动，扰乱社会秩序或者骗取财物，由有关主管部门给予批评教育，并予以制止；违反治安管理规定的，由公安机关依法给予治安管理处罚；构成犯罪的，依法追究刑事责任。

四、中华人民共和国种子法

《中华人民共和国种子法》是 2000 年 7 月 8 日第九届全国人民代表大会常务委员会第十六次会议通过，于 12 月 1 日正式施行的。

《中华人民共和国种子法》中与农业技术推广与指导有关的条款包括：

第四条规定：国家扶持种质资源保护工作和选育、生产、更新、推广使用良种，鼓励品种选育和种子生产、经营相结合，奖励在种质资源保护工作和良种选育、推广等工作中成绩显著的单位和个人。

第十五条规定：主要农作物品种和主要林木品种在推广应用前应当通过国家级或者省级审定，申请者可以直接申请省级审定或者国家级审定。由省、自治区、直辖市人民政府农业、林业行政主管部门确定的主要农作物品种和主要林木品种实行省级审定。

主要农作物品种和主要林木品种的审定办法应当体现公正、公开、科学、效率的原则，由国务院农业、林业行政主管部门规定。

国务院和省、自治区、直辖市人民政府的农业、林业行政主管部门分别设立由专业人员组成的农作物品种和林木品种审定委员会，承担主要农作物品种和主要林木品种的审定工作。

在具有生态多样性的地区，省、自治区、直辖市人民政府农业、林业行政主管部门可以委托设区的市、自治州承担适宜于在特定生态区域内推广应用的主要农作物品种和主要林木品种的审定工作。

第十六条规定：通过国家级审定的主要农作物品种和主要林木良种由国务院农业、林业行政主管部门公告，可以在全国适宜的生态区域推广。通过省级审定的主要农作物品种和主要林木良种由省、自治区、直辖市人民政府农业、林业行政主管部门公告，可以在本行政区域内适宜的生态区域推广；相邻省、自治区、直辖市属于同一适宜生态区的地域，经所在省、自治区、直辖市人民政府农业、林业行政主管部门同意后可以引种。

第十七条规定：应当审定的农作物品种未经审定通过的，不得发布广告，不得经营、推广。

应当审定的林木品种未经审定通过的，不得作为良种经营、推广，但生产确需使用

的，应当经省级以上人民政府林业行政主管部门审核，报同级林木品种审定委员会
认定。

第二十条规定：主要农作物和主要林木的商品种子生产实行许可制度。

主要农作物杂交种子及其亲本种子、常规种原种种子、主要林木良种的种子生产许可
证，由生产所在地县级人民政府农业、林业行政主管部门审核，省、自治区、直辖市人民
政府农业、林业行政主管部门核发；其他种子的生产许可证，由生产所在地县级以上地方
人民政府农业、林业行政主管部门核发。

第二十八条规定：国家鼓励和支持科研单位、学校、科技人员研究开发和依法经营、
推广农作物新品种和林木良种。

第三十九条规定：种子使用者有权按照自己的意愿购买种子，任何单位和个人不得非
法干预。

第五十二条规定：为境外制种进口种子的，可以不受本法第五十条第一款的限制，但
应当具有对外制种合同，进口的种子只能用于制种，其产品不得在国内销售。

从境外引进农作物试验用种，应当隔离栽培，收获物也不得作为商品种子销售。

第六十四条规定：违反本法规定，经营、推广应当审定而未经审定通过的种子的，由
县级以上人民政府农业、林业行政主管部门责令停止种子的经营、推广，没收种子和违法
所得，并处以1万元以上5万元以下罚款。

第六十九条规定：强迫种子使用者违背自己的意愿购买、使用种子给使用者造成损失
的，应当承担赔偿责任。

五、中华人民共和国水污染防治法

《中华人民共和国水污染防治法》是1984年5月11日第六届全国人民代表大会常务
委员会第五次会议通过，1996年5月15日第八届全国人民代表大会常务委员会第十九次
会议予以修正。

《中华人民共和国水污染防治法》中与农业技术推广与指导有关的条款包括：

第三十七条规定：向农田灌溉渠道排放工业废水和城市污水，应当保证其下游最近的
灌溉取水点的水质符合农田灌溉水质标准。

利用工业废水和城市污水进行灌溉，应当防止污染土壤、地下水和农产品。

第三十八条规定：使用农药，应当符合国家有关农药安全使用的规定和标准。

运输、存贮农药和处置过期失效农药，必须加强管理，防止造成水污染。

第三十九条规定：县级以上地方人民政府的农业管理部门和其他有关部门，应当采取
措施，指导农业生产者科学、合理地施用化肥和农药，控制化肥和农药的过量使用，防止
造成水污染。

六、植物检疫条例实施细则（农业部分）

《植物检疫条例实施细则（农业部分）》于1995年2月7日经农业部第二次常务会议

审议通过，并予以发布施行。

《植物检疫条例实施细则（农业部分）》中与农业技术推广与指导有关的条款包括：

第九条规定：根据《植物检疫条例》第七条和第八条第三款的规定，省间调运植物、植物产品，属于下列情况的必须实施检疫：

（一）凡种子、苗木和其他繁殖材料，不论是否列入应施检疫的植物、植物产品名单和运往何地，在调运之前，都必须经过检疫；

（二）列入全国和省、自治区、直辖市应施检疫的植物、植物产品名单的植物产品，运出发生疫情的县级行政区域之前，必须经过检疫；

（三）对可能受疫情污染的包装材料、运载工具、场地、仓库等也应实施检疫。

第十四条规定：根据《植物检疫条例》第九条和第十条规定，省间调运应施检疫的植物、植物产品，按照下列程序实施检疫：

（一）调入单位或个人必须事先征得所在地的省、自治区、直辖市植物检疫机构或其授权的地（市）、县级植物检疫机构同意，并取得检疫要求书；

（二）调出地的省、自治区、直辖市植物检疫机构或其授权的当地植物检疫机构，凭调出单位或个人提供的调入地检疫要求书受理报检，并实施检疫；

（三）邮寄、承运单位一律凭有效的植物检疫证书正本收寄、承运应施检疫的植物、植物产品。

第十八条规定：种苗繁育单位或个人必须有计划地在无植物检疫对象分布的地区建立种苗繁育基地。新建的良种场、原种场、苗圃等，在选址以前，应征求当地植物检疫机构的意见；植物检疫机构应帮助种苗繁育单位选择符合检疫要求的地方建立繁育基地。

已经发生检疫对象的良种场、原种场、苗圃等，应立即采取有效措施封锁消灭。在检疫对象未消灭以前，所繁育的材料不准调入无病区；经过严格除害处理并经植物检疫机构检疫合格的，可以调运。

第十九条规定：试验、示范、推广的种子、苗木和其他繁殖材料，必须事先经过植物检疫机构检疫，查明确实不带植物检疫对象的，发给植物检疫证书后，方可进行试验、示范和推广。

第二十一条规定：从国外引进种子、苗木等繁殖材料，必须符合下列检疫要求：

（一）引进种子、苗木和其他繁殖材料的单位或者代理单位必须在对外贸易合同或者协议中订明中国法定的检疫要求，并订明输出国家或者地区政府植物检疫机关出具检疫证书，证明符合中国的检疫要求；

（二）引进单位在申请引种前，应当安排好试种计划。引进后，必须在指定的地点集中进行隔离试种，隔离试种的时间，一年生作物不得少于一个生育周期，多年生作物不得少于 2 年。

在隔离试种期内，经当地植物检疫机关检疫，证明确实不带检疫对象的，方可分散种植。如发现检疫对象或者其他危险性病、虫、杂草，应认真按植物检疫机构的意见处理。

第二十四条规定：有下列违法行为之一，尚未构成犯罪的，由植物检疫机构处以罚款：

（一）在报检过程中故意谎报受检物品种类、品种，隐瞒受检物品数量、受检作物面积，提供虚假证明材料的；

（二）在调运过程中擅自开拆检讫的植物、植物产品，调换或者夹带其他未经检疫的植物、植物产品，或者擅自将非种用植物、植物产品作种用的；

（三）伪造、涂改、买卖、转让植物检疫单证、印章、标志、封识的；

（四）违反《植物检疫条例》第七条、第八条第一款、第十条规定之一，擅自调运植物、植物产品的；

（五）违反《植物检疫条例》第十一条规定，试验、生产、推广带有植物检疫对象的种子、苗木和其他繁殖材料，或者违反《植物检疫条例》第十三条规定，未经批准在非疫区进行检疫对象活体试验研究的；

（六）违反《植物检疫条例》第十二条第二款规定，不在指定地点种植或者不按要求隔离试种，或者隔离试种期间擅自分散种子、苗木和其他繁殖材料的。

罚款按以下标准执行：

对于非经营活动中的违法行为，处以 1 000 元以下罚款；对于经营活动中的违法行为，有违法所得的，处以违法所得 3 倍以下罚款，但最高不得超过 30 000 元；没有违法所得的，处以 10 000 元以下罚款。

有本条第一款（二）、（三）、（四）、（五）、（六）项违法行为之一，引起疫情扩散的，责令当事人销毁或者除害处理。

有本条第一款违法行为之一，造成损失的，植物检疫机构可以责令其赔偿损失。

有本条第一款（二）、（三）、（四）、（五）、（六）项违法行为之一，以营利为目的的，植物检疫机构可以没收当事人的非法所得。

七、农药管理条例实施办法

《农药管理条例实施办法》是 1999 年 4 月 27 日经农业部部常务会议通过，中华人民共和国农业部令第 20 号发布，自 1999 年 7 月 23 日起施行。2002 年 7 月 27 日，农业部令第 18 号修订。2004 年 7 月 1 日，农业部令第 38 号修订。

《农药管理条例实施办法》中与农业技术推广与指导有关的条款包括：

第二十五条规定：各级农业行政主管部门及所属的农业技术推广部门，应当贯彻“预防为主，综合防治”的植保方针，根据本行政区域内的病、虫、草、鼠害发生情况，提出农药年度需求计划，为国家有关部门进行农药产销宏观调控提供依据。

第二十六条规定：各级农业技术推广部门应当指导农民按照《农药安全使用规定》和《农药合理使用准则》等有关规定使用农药，防止农药中毒和药害事故发生。

第二十七条规定：各级农业行政主管部门及所属的农业技术推广部门，应当做好农药科学使用技术和安全防护知识培训工作。

第二十九条规定：各级农业技术推广部门应当大力推广使用安全、高效、经济的农药。剧毒、高毒农药不得用于防治卫生害虫，不得用于瓜类、蔬菜、果树、茶叶、中草药材等。

第三十条规定：为了有计划地轮换使用农药，减缓病、虫、草、鼠的抗药性，提高防治效果，省、自治区、直辖市人民政府农业行政主管部门报农业部审查同意后，可以在一定区域内限制使用某些农药。

第三节　花卉园艺工职业守则

花卉园艺工作为花卉园艺行业联系专家与示范户、农户的桥梁和纽带，除了具有一般的职业道德外，还应遵守如下职业守则：爱岗敬业、服务"三农"；遵纪守法、诚实守信；文明礼貌、增强技能；团结协作、奉献社会。下面就其主要内涵分别阐述如下：

一、爱岗敬业

（一）什么是爱岗敬业

爱岗敬业精神是社会主义职业道德的基础和核心。在发展社会主义和谐社会的大背景下，提倡爱岗敬业是有极强的现实意义的。同时爱岗敬业也是最基础的为人之道，也是实现人生价值的最重要的条件。

爱岗，顾名思义就是热爱自己的工作岗位；敬业，在《礼记·学记》中就以"敬业乐群"明确提出来了。朱熹说，"敬业"就是"专心致志，以事其业"，即用一种恭敬严肃的态度对待自己的工作，认真负责、任劳任怨、精益求精。爱岗和敬业总是联系在一起的，爱岗是敬业的前提，敬业是爱岗感情进一步的升华，不爱岗就很难做到敬业，不敬业也很难说是真正的爱岗。

（二）怎样做到爱岗敬业

要做到爱岗敬业，一要"干一行爱一行"。"干一行爱一行"必须要有热爱本职工作的职业态度。只有热爱自己的职业，才会有工作的积极性，才会在工作中投入自己的精力、才华和心血，才会有战胜困难的勇气和信心。二要有高度责任感和义务感。在我们社会主义社会里，劳动者既是国家的主人，又是自己所在单位、集体的主人，这就要求每个职业劳动者须有高度的责任感、义务感，做到"以国家利益、人民利益为重"，为本企业、本单位的兴旺发达尽职尽力，为实现其目标而奋斗；努力提高个人素质，发挥主动性、积极性；同一切危害国家和人民利益的腐败现象作斗争。三要辛勤劳动，开拓进取。我们提倡爱岗敬业，从根本上说就是要求为人民服务、为社会主义现代化建设服务。我们所从事的每项工作都是建设社会主义，为人民谋幸福这一伟大事业的组成部分。每个人在自己的岗位上尽职尽责、兢兢业业，做好本职工作，整个社会主义事业就会蒸蒸日上。在为实现社会主义现代化而奋斗的实践中尽心职守，辛勤劳动，这是敬业；在工作中能想方设法克服困难，开拓进取，创造业绩，就是有创造精神。四要刻苦学习，提高自己的职业技能。无能不可以成事，爱岗敬业必须要不断地努力学习，提高自己的职业技能。社会的发展和科技的进步给每个岗位提出了越来越高的要求，每个从业公民都应该结合自己的工作需要，不断地学习、提高，做到与时俱进。五要正确处理所从事职业与物质利益的关系。正确的观点是热爱本职与人才流动相统一、忠于职守与物质待遇相统一、人能尽其才与物能尽其用相统一。

二、服务"三农"

(一) 什么是服务"三农"

服务"三农"是为人民服务精神更集中的表现。所谓服务"三农",就是为人民群众服务。服务"三农"指出了我们的职业与人民群众的关系,指出了我们工作的主要服务对象,指出了我们应当依靠人民群众,时时刻刻为群众着想,急群众所急,忧群众所忧,乐群众所乐。服务"三农"是党的群众路线在社会主义职业道德上的具体表现,这也是社会主义职业道德与以往私有制社会职业道德的根本分水岭。

服务"三农"是对所有从业人员的要求。在社会主义社会,每个从业人员都是群众中的一员,既是为别人服务的主体,又是别人服务的对象。每个人都有权享受他人职业服务,同时又承担着为他人做出职业服务的义务。因此,服务"三农"作为职业道德,不仅仅是对领导及公务员的要求,而且是对所有从业者的要求。

(二) 怎样做到服务"三农"

要做到服务"三农",一要树立服务群众的观念;二要做到真心待群众;三要了解群众、尊重群众;四要做事要方便群众。

三、遵纪守法

(一) 什么是遵纪守法

所谓遵纪守法指的是每个从业人员都要遵守纪律和法律,尤其要遵守职业纪律和与职业活动相关的法律法规。

从业人员遵纪守法是职业活动正常进行的基本保证,也是发展社会主义市场经济的客观要求,它直接关系到单位的发展和个人的前途,关系到社会精神文明的进步和社会主义现代化建设的顺利进行。遵纪守法作为社会主义职业道德的一条重要规范,是对从业人员的基本要求。从业人员应培养法制观念,自觉遵纪守法,以保证社会活动有序进行,生产正常运转。

(二) 怎样做到遵纪守法

要做到遵纪守法,一要学法、知法、守法、用法。要做到遵纪守法,首先必须认真学习法律知识,树立法制观念,并且了解、明确与自己所从事的职业相关的职业纪律、岗位规范和法律规范。二要遵守纪律和规范。在从业人员的职业生涯中,遵纪守法经常地、大量地体现在自觉遵守职业纪律上。职业纪律的基本内容,从大的方面来看,是结合职业活动的实际所制定的各种规章制度,如条例、守则、公约、须知、誓词、操作规程、安全规则等等。职业纪律把一些直接关系到职业活动能否正常进行的行为规范,上升到行政纪律的高度加以明确规定,并以行政惩罚强制执行,以保证从业人员的职业行为符合职业活动和职业道德的要求。

四、增强技能

（一）什么是职业技能

职业技能也称职业能力，是人们进行职业活动，履行职业责任的能力和手段。它包括从业人员的实际操作能力、业务处理能力、技术技能以及与职业有关的理论知识等。

职业技能由体力、智力、知识、技术等因素构成，它的形成是一个长期的过程，通常要经过相当长时间的学习及一定的实践活动才能完成。从业人员的职业技能水平如何，直接关系到其职业活动的质量和效率，关系到对国家和人民贡献的大小，决定着自己人生价值实现的程度。因此，职业技能是发展自己和服务人民的基本条件。从业人员具有为人民服务的认识和热情是远远不够的，只有在此基础上勤奋学习，掌握熟练的职业技能，才能胜任自己的工作，更好地为生产单位服务。

（二）怎样增强职业技能

增强职业技能，一要加强学习。要从思想深处更新观念，即变要我学习为我要学习，变学习负担为学习乐趣，变阶段学习为终身学习，变学了什么为学会了什么，变拥有文凭为拥有能力。二要有扎实的基础知识。仅仅掌握所在业务岗位的专项技能是远远不够的，必须要有自己独特的生产经营方法和技能技巧，掌握各个方面的知识和能力。三要谦虚勤奋，善于学习别人的长处。学习要有所收获，谦虚勤奋就不可缺少，要善于学习别人的长处。只有勤奋学习，勤于思考，努力学习别人的长处，钻研业务，才能在各个方面得到提高，才能不断积累和丰富工作经验，提高业务素质和工作水平，增强解决实际问题的能力。

主要参考文献

陈全胜，汪淑磊．2008．无土栽培营养液的配制 [J]．黄冈职业技术学院学报，4：5-6，13．

傅玉兰．2001．花卉学 [M]．北京：中国农业出版社．

姜广翔，宁红光等．2006．古树名木的养护管理技术措施 [J]．山东林业科技，2：62，73．

林金．2009．大树移植及其栽培养护 [J]．中国花卉园艺，12：36-38．

鲁涤非．1998．花卉学 [M]．北京：中国农业出版社．

宋泽江，陈茂良．2000．浅谈盆景创作中几种艺术手法的运用 [J]．花木盆景，6：22．

天津农学院．花卉艺术学精品课程．

吴钰萍，周玉珍．2004．园林绿化初级教程 [M]．沈阳：辽宁科学技术出版社．

扬州大学等．植物学精品课程．